PING' AN XIAOJINGLING

平安小精灵

不可不知的儿童安全知识

Bukebuzhi De Ertong Anquan Zhishi

张孝翠 肖臻佑 编著

U0396364

华南理工大学出版社
SOUTH CHINA UNIVERSITY OF TECHNOLOGY PRESS

·广州·

图书在版编目（CIP）数据

平安小精灵：不可不知的儿童安全知识/张孝翠，肖臻佑编著. —广州：华南理工大学出版社，2016.6（2018.4 重印）

ISBN 978-7-5623-4959-4

Ⅰ.①平… Ⅱ.①张… ②肖… Ⅲ.①安全教育-儿童读物 Ⅳ.①X956-49

中国版本图书馆 CIP 数据核字（2016）第 142708 号

平安小精灵——不可不知的儿童安全知识

张孝翠 肖臻佑 编著

出 版 人：卢家明
出版发行：华南理工大学出版社
（广州五山华南理工大学 17 号楼，邮编 510640）
http：//www.scutpress.com.cn
E-mail：scutc13@scut.edu.cn
营销部电话：020-87113487 87111048（传真）
策划编辑：龙 辉
责任编辑：龙 辉
印 刷 者：广州市穗彩印务有限公司
开 本：787mm×1092mm 1/32 印张：3.75 字数：77 千
版 次：2016 年 6 月第 1 版 2018 年 4 月第 3 次印刷
定 价：19.00 元

版权所有 盗版必究 印装差错 负责调换

序 言

　　爸爸经常告诉我关于儿童安全的新闻，比如死于车祸、被拐子骗走、溺水身亡等，我很害怕这些事发生在我身上，因为我希望和我的家人一起好好活着。所以，当妈妈要我给这本书画插画时，我很高兴地答应了。尽管这耗掉了我非常多的玩耍时间，但只要小伙伴们能收获平安知识，那就是我最大的满足。带上这本《平安小精灵》，让安全事故远离我们吧！

肖臻佑（丁丁）

　　我们总希望孩子不要输在起跑线，考试要高分，排名要靠前……但我们却很少蹲下来，走进孩子的内心，乐他们之所乐，忧他们之所忧。直到有一天，报纸上说有小孩因写不完作业而出走，完不成检查而跳楼，我们才慌忙检讨自我：孩子们的心理健康乃为平安第一要务。

　　从不知道A4纸张还能划破手指，直到有一天，丁丁因动作过快，两个手指在折纸过程中被划破，一个星期无法练习小提琴，才知道危险就在身边。

　　从没想过衣服上的拉链也能带来伤害，直到有一天，我因给丁丁脱毛衣用力过猛，丁丁的上眼皮被拉链夹住，险些酿成大祸，才知道平安需时时呵护。

我们常看到孩子们拿着激光笔到处照射，却忘记嘱咐他们激光笔会灼伤人的眼睛，甚至点燃衣服、击落树上的鸟儿，而激光笔只要被孩子们拿着，我们就无法保证孩子们的安全。

我们的生活似乎再也少不了电梯，而自动扶梯和电梯事故越来越频繁，也许某一天就发生在我们身边的亲朋好友身上。

我们时常教育孩子们要遵守交通规则，但每年却有数万儿童死于交通事故。复杂的路况早已超出了"红灯停，绿灯行"的认知范围，层出不穷的新情况需要我们与孩子们细细交流。

我们从没料到13岁的初中生会从楼顶的玻璃天窗坠亡，我们无法事先知晓危险，但据我们所见所闻，的确可以与孩子们交流在什么样的地方行动时要谨慎。

拐骗、性侵时有发生，这离我们似乎很远，但数字却令人触目惊心：2014年被媒体曝光的性侵儿童案件高达503起，平均每天曝光1.38起，是2013年同比的4.06倍。其中，熟人犯罪有442起（公开报道中未提及双方关系的未统计在内），占87.87%。被性侵的对象绝不只是女孩，男孩也未能逃脱魔爪。

除了媒体的日常支招，我们为什么不告诉孩子们人体的结构，以便更好地保护自己？这才是疏通之道。如果孩子们提前知道如何保护自己，至少不会出现2015年11月江苏省13岁的男孩因不敢告诉父母自己的睾丸疼痛而错过了治疗的最佳时机这等令人痛心的案例。

我们有责任和义务培养孩子们的安全意识，本书中的案例皆是最近几年发生的儿童安全事故，乃真人真事。他们付出了代价，我们没有理由不和孩子们一起警钟长鸣。

　　感谢华南理工大学出版社我的同学龙辉，是这位爱心妈妈促成了这本儿童安全知识集锦的问世。我们只有一个共同的心愿：

　　愿天下的孩子们平安健康成长！

张孝翠

2016.3.1

目　录

1

目　录......................

2

目 录......................

3

健康的心理让我们的生活充满阳光

真人真事：

■ 2013 年 10 月 30 日下午，成都某小学五年级一班的军军从所住单元楼的 30 楼跳下，当场死亡。留在 30 楼地上的语文课本上，他留下了一句话："老师我做不到，跳楼时我好几次都缩回来了。"

原来是当天中午学校举行朗读比赛，另外一个班级朗读时，军军和另外几个同学在说话，导致别的班级同学抗议，班主任陈老师对带头说话的 10 多名同学进行教育。放学后，又单独留下了军军和另外 3 名同学，再次进行教育。老师给了他们两个受罚的选择，一个是写 1000 字的检讨，另一个是罚站 1 小时。军军选择的是写检讨。下午 6 点多，军军从自家的 30 楼坠下。

听了这则消息，丁丁和妈妈展开了讨论：

丁丁：我们也经常受罚，不是罚站就是罚抄课文，不是罚抄课文就是罚写检讨。

妈妈：自己做错了当然要接受惩罚，要对自己的行为负责。

丁丁：写检讨为什么一定要 1000 字呢？我们老师只说写得越长越好，没规定字数。

妈妈：这倒也是，只要认识深刻就行。

平安小精灵的悄悄话：

培养多方面的兴趣，比如阅读、体育运动、制作模型、乐器演奏等，这样可以释放不快乐哦！老师的那点惩罚根本算不了什么。

1."人无完人，金无足赤"，做错事并不可怕，可怕的是做错同样的事。

2.遇到烦心事，可以向爸爸妈妈或老师说出你们的想法；老师也是人不是怪兽，也是其他孩子的爸爸或妈妈，根本没有你们想象的那么可怕！

危险的衣服

2.1 可怕的帽绳

真人真事：

2013年9月11日，河南周口太康县的浩浩在滑滑梯时，衣服上的帽绳扭结在一起卡在滑梯上勒住了脖子，导致食管里的食物反流，被呛身亡。

2.2 不能小看的拉链

3

真人真事：

丁丁小时候的一天，妈妈帮他脱毛衣，由于动作太快，用力过猛，毛衣上的拉链卡住了丁丁的上眼皮，差点酿成大祸。

平安小精灵的大喇叭：

1.有人做过实验，把带帽绳的衣服穿在模特身上，配上沙袋，共重12斤，再把模特从滑梯上滑下来。如果帽绳被卡住，可以把一根带皮的香蕉勒断呢！

小伙伴们不要相互拉扯衣服的**帽绳**、**红领巾**、**围巾**、**手套的连接绳**。如果在树林里**捉迷藏**、骑自行车、搭乘**摩托车**、乘坐**自动扶梯**时就更加要小心了，一旦被树枝挂住或卡在钢圈里或卡在自动扶梯里，那可就要人命哦！

2.爱漂亮的女生穿的衣服经常带有很多亮片，这些亮片很有可能会划伤细嫩的皮肤哦！

3.衣服上的毛毛会诱发支气管炎等疾病，所以毛衣买回来多洗几次再穿，这样可以除掉甲醛。**甲醛**对人的眼睛和皮肤刺激性都相当大，还能导致细胞癌变呢！好可怕的！

4.喜欢穿皮鞋的小伙伴们，最好选牛筋底、鞋面柔软合脚的，太紧不利于你们的小脚丫生长发育哦！

光的"陷阱"

3.1 能打鸟的激光笔

真人真事：

2014 年 5 月的一天，杭州的明明感觉右眼越来越不舒服。当他捂住左眼时，发现右眼根本看不清东西。爸爸赶紧带明明去浙江省眼科医院就诊。医生检查后发现明明的右眼黄斑灼伤了。

"幸好不是黄斑中心凹受损，要是黄斑中心凹受损的话，后果就相当严重了，会导致失明。"医生说，"你的眼睛一定被激光照射过。"

5

这时明明才想起前一阵子，班上的李科同学拿了一支能发光的笔，下课后到处照射，说是他爸爸讲课时用的，很神奇。明明觉得很好奇，就借过来照了一下自己的眼睛，当时感觉眼前有个黑影，但没在意。

"哦，天哪！现在还有人玩吗？"爸爸问。

"有呢，文具店还有卖，听说还能打鸟，很多同学都买了。但老师现在不许带到学校里去。我……我……"明明突然支支吾吾起来。

"你怎么啦，是不是也买了？"爸爸问。

"嗯。我也想去打鸟。"明明说。

回家后，爸爸决定去文具店了解情况。

到了文具店，"这里是不是有激光笔卖？"爸爸问。

"有呢，看你要哪一种。"店家指着货架说，"这种是高功率，可以打鸟的，往树上的鸟一照，鸟的眼睛花了，就会掉下来。这款呢，是短距离红光激光笔，不畅销。现在学生都有钱，都买几十块的绿光激光笔。"店家说着拿出一支和明明买的一样的笔。

"你们卖给孩子们的时候有交代他们不要对着眼睛照吗？"爸爸有点生气地问。

"这……"店家紧张起来，"这……这个我们也不知道。现在小孩子都聪明，他们什么都晓得，嘿嘿。"

"他们晓得什么，拿了这个笔到处照，伤到眼睛会导致失明，知道吗？"爸爸生气地离开了文具店。

"不能阻止店家卖激光笔，看来最好的办法只能要求学校进行安全教育了。"爸爸回到家自言自语地说。

接下来爸爸开始上网搜集激光笔的相关信息，不搜不知道，一搜吓一跳，2014 年的 3·15 晚会上，还演示了激光笔的威力：不但能将两个气球同时点爆，而且将这种笔的光束对准深颜色的衣服，能将衣服烧灼一个洞；对准火柴棍，还能将火柴点燃。

6

光 的 "陷阱"

2010 年，圣路易斯一名 24 岁的小伙子，只因为好玩，在一座高塔上用自己的绿色激光笔对准了一架直升机的座舱。据飞行员形容，这一举动简直像用绿色油漆泼在他的座舱玻璃上，并造成了他短暂的失明。

平安小精灵的大喇叭：

激光笔不但伤眼睛，还伤衣服、皮肤。必须购买激光笔时，要仔细查看产品的激光规格信息，最好选购激光功率不大于 5MW 的。

3.2　手机屏幕

丁丁的故事：

丁丁一有机会就想借查资料的机会拿爸爸的手机上网看高达机器人，可爸爸说手机和 ipad 对眼睛的伤害比电视机大很多，会造成近视，所以实在要查资料，也只能用电脑。但用电脑看玩具，会被爸爸发现。

"戴上近视眼镜更酷更帅。"丁丁嘀咕着。

"……"妈妈顿了顿说，"近视眼镜戴久了会影响面部容貌。而且很不方便，比如踢球的时候万一眼镜掉了就很麻烦；如果你想看 3D 电影，那就得戴两副眼镜了。"

丁丁这才点了点头，心想："幸好寒暑假每天可以玩半个小时的电游过过瘾。"

3.3 美丽的日全食

丁丁的故事：

2009 年 7 月 22 日一早，爸爸从杂物间拿出一个像面具一样的东西给丁丁，说是看日全食时用得着。

"这不是烧焊用的防护面罩吗？"丁丁经常看到隔壁工厂里的叔叔们用。

"嗯，日全食的光线太强，这个可以保护眼睛。"爸爸说。

8

"如果那些工人叔叔烧电焊时伤了眼睛怎么办？"丁丁很好奇。

"用小宝宝吃的母乳擦几次就好了。"爸爸说。

平安小精灵的大喇叭：

浴室里的浴霸发出的有害蓝光会灼伤小伙伴的视网膜。汽车远光灯、强光手电筒、电视和电脑的屏幕、很亮的节能灯，都会影响视力。

9

眼科医生小窍门：打开手机的照相功能，镜头直对着光源，如果屏幕出现抖动的竖条，那就要少接触这种光源了。这个方法在选择护眼灯时也可以参考使用哦。

干燥剂

真人真事：

8岁的小津和伙伴小童吃完米饼，拿着食品袋里的干燥剂扔来扔去。不料干燥剂的包装袋破裂，干燥剂弹入小津的眼睛。小津顿时感觉眼睛灼热疼痛，家人马上将小津送进附近的医院进行冲洗，并做了眼膜移植手术，但小津的视力还是下降了，且无法恢复。

平安小精灵的大喇叭：

1. 食品中常用的干燥剂是碱性化学物质，一旦进入眼中会烧伤眼角膜、结膜。轻者治愈后视力会严重下降，重者会导致失明。

2. 干燥剂溅入眼睛，应立即用清水或生理盐水从内眼角到外眼角冲洗15分钟，不便冲洗时，可将双眼浸泡在水盆内，用手分开眼睑，转动眼球晃动头部，然后送医院。皮肤受污染者，要用大量清水冲洗干净。

电

真人真事：

　　2014 年 12 月 20 日，湖南常德石门县楚江镇东方楼一单元 101 房发生火灾，9 岁的雯雯全身烧伤面积达 70%。经消防调查，大火是因客厅里的手机充电器没有拔，造成短路而引起的，而插座的另一边就是易燃的布沙发。

平安小精灵的大喇叭：

　　充电器的工作原理是用变压器把高电压转换成低电压输送到手机。如果充电器长时间在插座上不拔，而它又没连接到手机时，叫"空载"，"空载"时同样有电流通过。有电流通过会让充电器老化，如果质量

不过硬，就有可能发生短路、爆炸、意外触电、火灾等事故。

　　要选择质量可靠的充电器和有开关的插线板，**充电时不要用东西覆盖充电器**，最好有人在现场，充电完成后立即将充电器拔下。**不要在手机充电时使用手机。**

1. 小伙伴们还要提醒爸爸妈妈家里是不是有老化的电线要更换呢。

千万不能把小手指头伸进插线板上面的黑洞哦，那会把你的小手咬掉的！拔出插头时，要一手按住插线板，一手拿着插头。

2. 很多城乡交界地区，电线往往违规乱搭，小伙伴最好远离这些建筑。

不要靠近闪电的红色标志；不要在高压线下耍棍子、钓鱼、放风筝。

切记：人体是能导电的！

危险的阳台、窗台和屋檐

真人真事:

　　2015 年 10 月 26 日下午 3 时，湖南湘乡的洋洋踩在家中的防盗窗上，没想到防盗窗的底框突然断裂，洋洋从孔洞中掉了下去。据初步诊断，洋洋遭受到了严重的颅内损伤、胃挫伤、脾挫伤、肝挫伤、脚骨折及多处外伤，四天花去医疗费 6 万余元，且洋洋还在昏迷中。

平安小精灵的大喇叭：

14

　　小伙伴们记得不要从阳台往下扔任何东西。家里养的**盆花**不要悬空在阳台或窗台外面，以免大风时被吹落砸伤行人。

　　小伙伴们平时**不要在屋檐下或贴着墙壁行走**，以免建筑外墙年久老化表面脱落，或楼上人家掉落物件砸伤自己。

　　不要攀爬阳台、栏杆。捉迷藏时，不可坐在窗台上或踩在防盗窗上，以免**防盗窗生锈断裂**。

　　在外面时，不要进入建筑施工现场，不要在起重装卸、吊运设备下面站立、通行和玩耍。

漂亮的灯罩

真人真事：

丁丁的邻居马叔叔正在家里看电视，忽听得"轰"的一声，客厅里的灯罩整体落下掉在马叔叔的脚下，差 50 厘米就砸着他的头了。

平安小精灵的大喇叭：

吊灯会掉下来吗？

家里的豪华灯罩大多是**玻璃**的，时间久了就容易老化掉落。家里的储物柜上也尽量别放**重物**，以免发生掉落砸伤人。

命根子

2015 年 9 月的一天，已经睡着了的贝贝突然抽搐，送到医院抢救无效死亡，死亡原因为颅内出血。原来，贝贝在邻居萌萌家玩，不小心从沙发上摔下，后脑勺正好撞在门柱上，当时有点晕，但一会儿就好了，还没哭，萌萌的奶奶给贝贝的后脑勺做了冰敷以为没事了，也忘了告诉贝贝的妈妈，贻误了治疗时机。

2015 年 8 月，陕西铜川 8 岁的凌凌猝死。根据尸检的病理报告，最终确定凌凌的死因是颅内挫裂伤。原来那天中午，凌凌边写作业边看电视，错了不少题目。妈妈一生气，就伸手打了凌凌的后脑勺。没想到因此结束了凌凌幼小的生命。

丁丁：难怪爸爸以前每次都只打我的屁股。

妈妈：屁股也不能随便打的，屁股上面有坐骨神经，弄不好会导致瘫痪。

丁丁：啊，那我挨了那么多打，会不会瘫痪？

妈妈：爸爸那只是吓唬你，要瘫痪早瘫痪了，哪会等到现在。

丁丁：拧耳朵可以的吧，如果有同学不听话，有些老师就会拧他们的耳朵。

妈妈：耳朵也是敏感器官呢，耳朵上有很多神经，用力不当会引起听觉障碍。

丁丁：反正不能打小孩！打小孩应该是犯法的。

妈妈：如果小孩不听话怎么办？

丁丁：跟小孩讲道理呗。

妈妈：如果讲道理不管用呢？

丁丁：没有那样的小孩。

妈妈：……

平安小精灵的大喇叭：

小伙伴们的头部、后脑勺、耳朵、鼻子、屁股、背部都不能受外力冲击。

在外面发生摔跤等异常情况一定要及时告知爸爸妈妈，因为有些危险是潜藏的，错过治疗时机有时候会要人命的哦！

答案：

1. A 2. D 3. ADE 4. BD 5. ABE

生命"通道"

真人真事：

2015 年 11 月的一天，幼儿园的老师告诉小朋友们不要浪费，要把碗里的饭吃完。5 岁的小万万很听话。由于吃得太饱，睡午觉的时间到了，小万万感觉肚子很胀睡不着。但老师呵斥说一定要睡午觉，否则长不高。哪知这一睡小万万再也没有醒来。医生诊断：小万万午餐吃撑了，还没消化就直接入睡，导致食物倒流，堵塞气管致死。

平安小精灵的大喇叭：

吃饭时不要大声笑、讲笑话。

游乐（运动）场

真人真事：

2016 年 1 月 9 日，成都某校初三学生杨某等三人在成都理工大学职工篮球场内打球时，球架突然倒塌，杨某头部被砸中身亡。

2015 年 4 月 6 日，河南新乡市长垣县铜塔寺商业街庙会上，"太空飞碟"游乐设施在空中发生故障，旋转杆断裂，19 人被甩下，其中 1 人骨折重伤，18 人轻伤。

2014 年 10 月 5 日，上海一群孩子在充气城堡上玩，谁知一阵狂风刮来，看上去巨无霸的"城堡"竟被吹翻了，有 14 名孩子受伤。这个巨无霸充气"城堡"放的位置正处在风口，但是却没有用牢固的安全绳索固定。

2011 年 7 月 30 日，河南省新郑市 12 岁的轩轩在和朋友玩蹦蹦床时，不小心摔跤，经医院检查，轩轩左肱骨髁上骨折，不得不进行骨折内固定手术。

丁丁的故事：

2014 年 9 月，小伙伴们都喜欢玩一种叫作跳跳蛙的玩具。这天刚下过雨，篮球场还有些湿，丁丁带了新买的跳

19

跳蛙和小伙伴们玩得很开心，还进行比赛，看谁跳得远。丁丁站在跳跳蛙上使劲地往前蹦，没想到跳跳蛙因地滑突然倾斜，丁丁随之滑倒，顿时感觉头晕、臀部疼痛难忍。最后所幸无碍。

平安小精灵的大喇叭：

　　检查各项游乐（运动）设施是**否牢固**，不要钻到旋转盘下面玩，不要靠近正在做单杠活动的人。

　　蹦蹦床容易造成骨折、脊椎损伤，有些玩耍不当会导致严重的头部受伤。所以小伙伴们在蹦蹦床上落地时**不要蹲下来**，防止被他人踩踏。若出现重心不稳，不可用手腕触蹦床，要呈**抱胸状**，直接跌倒，这样身体与蹦床的接触面大，能将肢体伤害程度降到最低。

游乐（运动）场

没抓住绳子

　　跷跷板也很好玩，但如果不想玩了，要大声地告诉对方，否则对方的屁股会狠狠地"墩"在地上，而自己离开慢了则有可能被甩出去或绊倒。

　　1. 超市门口的摇摇车被风吹日晒容易老化，有可能发生夹手等情况。

　　2. 高温天气，游乐场的露天设备可能会被晒得**很烫**，小伙伴们要**小心烫伤**哦！

　　3. 玩沙时要保护好眼睛。在水上乐园玩耍要穿上救生衣。

　　4. 玩耍时嘴里别吃东西，以免噎着。

身体需要自由

真人真事：

2015 年 11 月 5 日，深圳龙华新区观澜贵湖塘村观澜桂花路，一名 3 岁的男童头部卡在 3 楼的防盗网上，身体完全悬挂在防盗网外面，孩子腿部蹬踏挣扎了一阵后渐渐失去了知觉。所幸路人合力救下小孩并将其送往医院。

2013 年 7 月 4 日，江苏省东台市许河镇高中村王辉的一对幼小儿女永远地离开了他们。这天，调皮的姐弟俩玩捉迷藏，不慎被锁在阁楼木箱中，最后因缺氧窒息而死。原来王辉家阁楼中的木箱是老式家具，只有子母扣。据分析，有可能是姐弟俩在全部进入木箱并盖上箱盖的过程中用力过大，震动导致翘起的母扣下落，与子扣扣在一起，在没有外力的情况下，箱子里的人几乎打不开箱盖。

身体需要自由

平安小精灵的大喇叭：

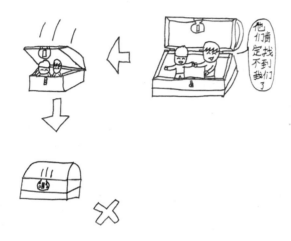

不要躲在狭窄逼仄的空间，以免发生骨折、刮伤等。观察躲藏的空间，如果没有别人帮助，自己是否能出来，最好不要躲在箱子、柜子等密封容器内。

1. 不要把手指头伸进瓶口、笔帽、螺帽等物件里。
2. 不要将塑料袋套在头上玩。

答案：
6. ABCDE　7. ACE　8. D　9. A　10. ABD

绝对不做"高空飞人"

真人真事:

2015 年 8 月 25 日，常州新北区 8 岁的佳佳从 13 楼的自家阳台防盗窗上掉落，当场死亡。

2015 年 5 月 27 日，一名 13 岁的男孩因踩踏楼顶天井口上的钢化玻璃从长沙湘江世纪城达江苑 28 楼楼顶坠落，当场死亡。

2014 年 8 月 7 日，郑州三全路文化路附近张家村，一名 9 岁女孩在楼顶玩耍。由于两楼间距很小，她想要跳到另一座楼的楼顶。不料，这名女孩跳的时候，失足从 6 楼楼顶掉了下来。

每年全国各地儿童坠楼事件不绝于耳，有的因为在楼顶玩耍，有的因为攀爬电梯间窗户，有的因为攀爬自家阳台或防盗窗。

绝对不做"高空飞人"

平安小精灵的大喇叭：

楼顶天台是重要的消防逃生平台，不是玩耍的地方哦，那里危险多多，小伙伴们还是到安全的地方找乐子去吧！

1. 据说有 1%～3% 的钢化玻璃会在毫无征兆的情况下突然粉碎，被称为**"玻璃癌症"**，所以家里有玻璃的小伙伴一定要当心啦。

2. 小伙伴家里的防护栏，如果焊接老化，就成了吃人的安全隐患，所以爸爸妈妈一定要经常检查，小伙伴们玩得高兴的时候切记**不要攀爬窗户、阳台栏杆**，以免发生事故。

不当"靶子"，也不当"枪手"

2013 年 8 月，云南广南县法院调解一起 9 岁小孩陆小小在玩玩具枪时误伤同学王大的案件，由陆小小的父母当庭一次性赔偿王大因伤造成的损失 7000 元，学校不承担责任。原来，放学后陆小小在和王大玩枪战时，不小心打中了王大的眼睛。经医院诊断为右眼外伤性视神经视网膜病变。

26

丁丁的故事：

爸爸一直不许丁丁玩枪，说万一伤着眼睛了可不得了。

这天，丁丁正在拍篮球，周梓恒要丁丁跟他们一起玩枪战游戏。看同学们玩得那么火热，丁丁早就想加入了，只是怕爸爸生气，这回丁丁怎么也忍不住了，兴奋地跟周梓恒一起躲在一棵大树后面，等待"敌人"靠近后射击。

"丁丁，跑什么，给我站住！"丁丁接过周梓恒的枪正准备换个地方，却听到爸爸的喊声，"枪里有子弹，会伤人的，不许玩枪了！"

"叔叔，这个子弹是软的，不伤人。"周梓恒递上一颗子弹。

"对啊，是水泡大的，不伤人。"其他几个同学也七嘴八舌地跟爸爸解释。

"即使是软的，射出去也很有力，伤着眼睛会很严重。你们班上黄云承的眼睛就是被玩具枪射伤的。"爸爸说。丁丁知道爸爸说的是真的，黄云承还住了院，但枪战实在太好玩了。

其他几个小朋友迟疑了一下都跑开继续玩他们的枪战了。

"看到了吧，人家根本不听你的！你又不是人家的家长！真是！"丁丁气嘟嘟地说。

"我是你的家长，你必须听我的。"爸爸有点生气了。

"为什么他们能玩我就不能玩？"丁丁也生气了。

"人家去吃屎你也去吗？你就不能有自己的主见吗！"爸爸一下子变成了怪兽。丁丁气不打一处来，直到第二天都不想理爸爸。

没想到第三天真的发生了玩具枪伤人的事情。那天晚上徐殊行的妈妈正在观看丁丁他们踢足球。突然眼镜被像石头一样的东西打落在地上，捡起来一看，镜片掉了一块，镜架的腿也断了一根。原来是杨培全在十米开外用玩具枪发射子弹导致的，而他发射的子弹正是前两天周梓恒他们玩的那种水泡大的小颗粒。

平安小精灵的大喇叭：

　　别小看那些水泡大的子弹哦，远程发射威力可大了。有人做过实验，**加压式水枪可以轻松击穿 3 张 A4 纸**。

　　即便是水枪，也不要对着人的眼睛发射，因为**不干净的水会伤眼睛**。

　　1. 不论玩具枪里有没有子弹，都不要对着人射击，万一子弹伤人，后果会很严重。

　　2. 别人玩玩具枪时要远离。

不熟悉的地方

真人真事：

2015 年 10 月 30 日晚上 7 点多，家住长沙井湾子的瑞瑞和小伙伴在自家对面的楼顶玩游戏。由于楼顶没有灯，光线较暗，他被同学追着跑时不知道被什么东西勒住了脖子，身子瞬间后仰，后脑勺重重地磕在了地上。后来发现瑞瑞是被一根又长又硬的铁丝勒住。到医院做颅脑 CT 检查，显示有硬膜下血肿、颅骨骨折，经过 2 天的止血、护脑、降颅压、营养神经等对症治疗后才转出监护室。

29

平安小精灵的大喇叭：

记住商场、酒店、电影院的布局和安全通道，万一发生危险可以在第一时间逃生。

1.小伙伴们到了**陌生的地方**务必环顾四周，看有些什么障碍物。在不清楚的情况下，不要乱跑，以免发生像瑞瑞那样的不幸。

2.在公共场所要小心向外打开的**玻璃门**，以免"头撞南墙"。

3.小伙伴还可以告诉叔叔们在工厂干活时要把身后的东西收拾干净，万一发生生产事故，也有撤退的路径。

真 "恼火"

真人真事：

2015 年 3 月 22 日下午 2 时，辽宁大连市金州新区大黑山突发山火，整个山坡被大火覆盖，浓烟在数十公里外都能看到。经警方调查，系多名中小学生上山玩火所致，此次大火导致 5 名采药人死亡。

2015 年 2 月 5 日，广东惠东义乌商场 4 楼发生火灾。经查，此次火灾是因一名 9 岁男孩在商场四楼 4040 店铺前用打火机玩火，引起货品燃烧并蔓延。此次火灾共造成 17 人死亡。

1994 年 12 月 8 日，新疆克拉玛依友谊馆正举行专场文艺演出活动，全市 7 所中学、8 所小学的学生、教师及有关领导共 796 人参加。18 时 20 分左右，舞台纱幕被光柱灯烤燃，火势迅速蔓延至剧厅，各种易燃材料燃烧后产生大量有毒气体，由于友谊馆内 8 个安全门中只有 1 个门是开着的，从而酿成 325 人死亡的惨剧，其中有 288 人是学生。

在撤离的过程中，据传有人说了一句"让领导先走"，延误了很多学生逃生的时机。不论是不是确有其事，小伙伴们如果遇到火灾，一定要想办法在第一时间迅速离开现场，更不要冲进火灾现场取衣物。

31

平安小精灵的大喇叭：

玩火很危险，在加油站、加气站玩火更危险。

小伙伴们在黑暗的犄角旯旮里找东西时切不可使用蜡烛、打火机、火柴等来照明，因为这时很容易引火上身或点燃其他易燃物品。

1. 家里燃气泄漏，切不可在室内打电话、开灯、开金属门窗。

2. 农村的小伙伴们可能还要清除炉灰炉渣，切记把炉灰炉渣倒在安全的地方，尤其是刮风天气，**要确保炉灰炉渣已经熄灭或者不会被风吹散。**

3. 如果着火，拨打119，准确说出地址、**火灾种类、火势情况。**

4. 纸张、衣物等引起的小火，可用水、**浸湿的毛巾、床单、棉被等覆盖灭火；**电器、汽油、食用油、酒精引起的火，用土、沙、泥、**食盐灭火。**

5.火灾时切勿躲在墙角或床下，要想办法**尽快离开火灾现场**，但不可贸然开门，先摸门把手，如果把手发烫，说明火就在门外，不可打开门。

6.如果自己身上着火，千万不要跑，那样火会越燃越大，应**在地上打滚让火熄灭**。

7.小伙伴们记得提醒爸爸不要在沙发上或床上吸烟，夏天点燃的蚊香要注意**远离木地板或其他易燃家具**。

8.一定要在第一时间弄清学校以及常去的商场的**防火通道在哪里**。

9.国家明令禁止学校、机关和其他社会团体组织中小学生参加灭火，**未成年的小伙伴们就不要参与救火啦！**

发生火灾时，**不要走电梯，而要走安全通道**。若安全通道已被火封锁，可将绳索或被单连接起来，从窗口滑至地面逃生。所以小伙伴们平时要学一些结绳等野外生存技能哦！

若是在高楼里，千万不要乱跑，不要跳楼，**要躲在阳台，隔断火源**，或者从窗户向外面呼救。火灾中的遇难者很多不是被烧死的，而是被烟熏得窒息而死的。

如果找不到湿毛巾，脱下自己的外衣，在上面撒尿，再捂住自己的口鼻，匍匐逃离现场。

可怕的动物

真人真事：

2015年10月18日晚9点多，湖南宁乡县资福镇6岁的小杰突然开始吵闹，用手抓人用嘴咬人，像发狂一样，家人立即将他送往医院。但小杰还是在10月20日早晨6点多离开人世。据长沙市疾控中心初步诊断，小杰死于狂犬病发作，而10月3日小杰在外面被狗咬伤，其家人一直被蒙在鼓里。据有关人士猜测，小杰可能怕打针，所以不敢告诉家人。

平安小精灵的大喇叭：

1. 狂犬病的潜伏期通常是4到6周，也可能从5天到1年。**狂犬病的死亡率几乎是100%**。狂犬病的症状有恐水、怕风，可能会出现一些神经症状，如焦虑、思维混乱、嗜睡、下咽困难，最后导致癫痫，一些孩子会出现无力或瘫痪。

2. 狂犬病可通过体液传染，如皮肤有破损则更为危险，因此与患者有接触的人均有被感染的可能。

3. 万一不小心被动物咬伤，专家托平安小精灵告诉小伙伴们：

A. 没有咬破皮肤，用清水冲洗即可。

B. 出现刮痕、血痕或深度咬伤，建议注射狂犬疫苗；如果深度咬伤还需要注射破伤风疫苗。

4. 小杰没有及时告诉爸爸妈妈，耽误了治疗时机。所以小伙伴们在外面无论发生了什么情况，**都要及时告诉爸爸妈妈哦！**

> 观察携带狂犬病毒的动物时要小心，不要用手直接喂食，尤其是猫，它会咬到你们的手指的。

浴室隐患多

丁丁的经历：

　　有一次丁丁泡澡，很久了都不见出来。爸爸推门进去才发现丁丁坐在浴盆里睡着了。所幸浴室的门没有锁，丁丁睡着也没多久，才没有发生意外。

平安小精灵的大喇叭：

　　泡在不冷不热的水里当然很舒服很催眠，据说2.5厘米深的水就能淹死儿童呢！如果小伙伴们觉得疲倦，就不要泡太久了，很容易睡着的哦！

　　1.浴室中的一些化学制剂，比如妈妈的护肤品、化妆品以及浴室清洁用品等都是有毒的，尤其是指甲油、直发剂、洁厕灵等有极强的伤害力，小伙伴们不要拿来玩耍。

　　2.对于很小的小伙伴，洗澡时的玩具最好也不要选用小毛巾、玻璃杯、瓶罐之类的。

"咬人"的自动扶梯

真人真事：

2015 年 7 月 26 日，湖北荆州一位妈妈抱着宝宝走上安良百货公司手扶电梯的最后一块踏板时，踏板突然塌陷，妈妈在几秒钟内就死亡了。

2015 年 3 月，广州白云区一名小男孩，在商场内乘坐电扶梯时，因穿着**软泡沫鞋**，脚被卷进扶梯，导致五个脚趾被夹断。

类似的自动扶梯悲剧时有发生。广西贺州一名男孩在商场乘坐自动扶梯时弯腰捡拾自己的玩具，右手不慎被卷入扶梯，造成手指粉碎性骨折。

37

我的玩具！

平安小精灵的大喇叭：

扶手材质有黏性，切不可攀爬扶手，也不可将任何物品放在扶手上。

鞋带松了不系好，万一被梳齿吃进去，相当危险哦！

小心扶手末端的交错夹角。

台阶与台阶之间的梳齿板非常危险，事故往往发生在第一级和最后一级的台阶上，自己的长衣、围巾等很容易被卷入。不可穿比较软的洞洞鞋，因其很容易卡入围裙板和台阶之间。

不能在自动扶梯上玩耍、蹲坐，也不能在扶梯的出入口逗留。

遇紧急情况，按下**红色按钮**（通常在扶梯的入口处或中间）。**万一没办法**按下紧停按钮，可用双手紧紧抓住扶手，然后把脚抬起，但不要触碰到电梯，这样人就会随着扶手移动，不会摔倒，但有一个前提是电梯上的人不能太多。

1.老人和儿童乘坐扶梯时必须有成人陪同。

2.每一级台阶上都有**黄色安全线**，乘坐自动扶梯时必须站在黄色安全线内。

答案：

11. BCE　12. BCE　13. CD　14. ACDE　15. ACD

"吃人"的电梯

真人真事：

2015年7月15日，辽宁沈阳华阳国际大厦的电梯在由27层向1层运行过程中发生滑落。事发后，12名人员不同程度受伤。

2014年9月25日凌晨，深圳龙华新区观澜办事处田背花园，一对夫妻从家里出来在11楼准备乘坐电梯，不料电梯发生故障，轿厢仍停在4楼。电梯门打开后，妻子踏空掉入电梯井，坠至停在4楼的电梯顶上，致其身上多处骨折，所幸并无生命危险。

平安小精灵的大喇叭：

1. 在等待电梯时不要离电梯门太近，更不可倚靠在电梯门上。在电梯发生异响、轿厢与楼层不平、雷雨天等情况下最好不要乘坐电梯；发生火灾时不能乘坐电梯。

一定要确认电梯停好停稳在本楼层后，再踏入或踏出电梯。还没踏稳的时候电梯突然上升或下降，应当机立断，**迅速滚入或退出电梯**。

电梯下坠时，迅速按下每一层的按键；整个头部和背部呈一直线紧贴电梯内墙，以保护脊椎。电梯内有扶手，要紧握扶手；若无扶手，则双手抱紧脖子，膝盖呈弯曲姿势。

电梯突然停止运行，可利用电梯里的警铃、电话与管理人员联系，同时**保存体力**，切忌强行扒开电梯门或仰卧在轿厢里。

2. 在电梯内反复按下电梯门的开关按钮，或者长时间按住开门键等人，或超载时强行挤入，或用手脚或物品阻止轿厢门的关闭，或在运行着的电梯内嬉戏打闹都会**影响电梯的正常运行**。

小心烫伤

真人真事：

2009 年 7 月 5 日晚上，杭州一名妈妈准备给两岁的儿子洗澡，她先往脸盆里倒了很多热水，然后转身去接冷水，谁知在一边玩的儿子，一不小心踩在脸盆上，整盆热水都倒在了身上，造成大面积烫伤。

平安小精灵的大喇叭：

不要站在厨师的后面哦，万一人家端着热菜或热汤猛地转身，就有可能烫着自己。

到饭店吃饭，小伙伴们不要到处奔跑哦，以免撞到传菜的服务员，烫伤自己。

不要近距离围观街上麻辣烫摊主的油锅，防止热油飞溅伤人。

机动车辆的发动机和排气管是高温热源，要远离。

儿童烫伤案例中，有 1/4 是洗澡时被热水烫伤的。小伙伴洗澡时，最好把水先开低温，再慢慢调高温度，尤其是太阳能和电热水器。

41

自动售货机也害人

这天罗佳住的小区门口摆了一台自动售货机，里面有罗佳喜欢喝的可乐，喜欢吃的薯片，还有酸甜酸甜的软糖。看到别的孩子投币进去后，零食一骨碌滚下来，罗佳觉得特好玩，很想自己体验一次。所以这天罗佳从存钱罐里倒出几个硬币，直奔自动售货机。投完币后，罗佳看到薯片从架子上掉落，但就是不见滚到出口。罗佳便使劲地摇晃自动售货机，没想到自动售货机朝罗佳倒下来。尽管罗佳迅速躲闪，自动售货机还是把罗佳的左脚压成粉碎性骨折。

42

平安小精灵的大喇叭：

小伙伴们喜欢攀爬，但要看清楚所攀爬的物体是不是固定在地上了。如果不是，就有倒下的危险，万万使不得哦！

鞭炮炸弹

真人真事：

2015年1月10日，湖南涟源七星街镇东岩村8岁的潇潇和小伙伴们捡拾隔壁人家未炸完的鞭炮，谁知潇潇捡起来的未炸完的鞭炮突然爆炸，潇潇的眼睛和脸都被炸伤。

2011年2月16日，西安灞桥区纺织城一小区，一名10岁男童在花园廊亭前的污水井盖的孔眼上插上了近3厘米长的"火柴炮"，点燃后的"火柴炮"掉入污水井内，引爆了井内的沼气。放炮的那个井盖和相邻3米左右的水泥井盖一起被炸起两三米高，其中一个水泥井盖飞起后落下砸到了该男孩的左腿上。

每年春节前后，都有无数这样的鞭炮事故，有的手被炸断，有的眼睛被炸瞎。

43

平安小精灵的大喇叭：

44

　　燃放鞭炮一定要**远离污水井**，污水本身会产生沼气，若污水井盖或化粪池长期未打开，沼气无法排解，一旦超过一定指数，遇到明火就会发生爆燃，其威力绝对不是小伙伴们可以招架得住的哦！

　　燃放鞭炮的地方要**远离易燃物品**，如稻草、枯枝落叶、晾晒的衣服等，以避免引起火灾。也不能离人群太近，避免伤及他人。

点火了却没有炸响的鞭炮不要去拿，以免突然爆炸伤人。

答案：

16. BD　17. A　18. ABC　19. BCE　20. D

管住嘴，迈开腿

真人真事：

家住湖南长沙县的吴洪波刚满 15 岁，身高 1.8 米，白白胖胖的。2015 年 10 月却出现身体不适，医生为他检测血糖时，发现他的血糖已经高到让血糖仪"爆表"，多项指标超标，其中血酮比正常人高出 10 倍。原来，吴洪波爱吃零食，还爱把碳酸饮料当水喝，天热时一天喝 10 多瓶，天凉时也是每天三四瓶。

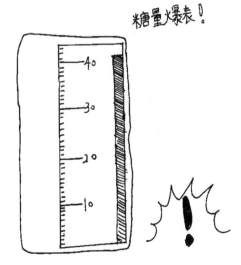

糖量爆表！

平安小精灵的大喇叭：

碳酸饮料（可乐、雪碧、芬达、七喜、美年达等）几乎不含任何蛋白质，糖分却比较高，且有很多添加剂，过量饮用会导致肥胖，而肥胖是引发糖尿病的重要原因。乳饮料和冰激凌也不是纯奶制品，添加了大量的防腐剂、香精等，营养价值很低。只有白开水才是最好的解渴剂。

1. 平安小精灵经常看到很多小伙伴放学后吃街边小商贩的麻辣烫、烤香肠、糖油粑粑，那些都极不卫生，用来炸粑粑的油不知烧了多少次啦！街边小商贩的食材也不能完全保证新鲜，有的为了保鲜还使用国家禁止的工业碱、福尔马林浸泡呢！

2. 小伙伴们要多吃应季蔬菜，多食五谷杂粮，切记不要只顾口味不顾健康哦！对了，**生命在于运动**，还要迈开腿动起来啊！

乘坐汽车

真人真事:

2015 年 10 月 29 日，广州的申女士搭乘番禺 146 路公交车往星河湾方向行进。公交车行驶至上漖站时，她发现后排有人下车，于是快步走近。这时，公交车突然急刹车，她的身体直接往前面扑倒。她当时感觉到自己左边手臂等部位有些酸痛，以为只是撞伤，就一直轻柔地按摩。当天下午，她感到身体不适，次日来到广医二院检查，才得知脊柱骨折。据说还有可能面临瘫痪。

2015 年 6 月 27 日，湖南湘潭一 4 岁男童被家人遗忘在车内 5 个多小时，发现时已经死亡。据统计，这种情况近 5 年内至少发生了 20 起。

2014 年 10 月 1 日上午，福建一小男孩被妈妈单独留在车里，结果当小男孩的头探出车窗时，手不小心按到遥控器上关车窗的按钮，脖子被卡在车窗上，妈妈返回时玻璃窗只剩五六厘米的缝隙! 小男孩已呈休克状态!

丁丁的故事:

班主任布置一项作业，要求同学们自成小组开展一项

活动，主题是交通安全。丁丁便和他的小伙伴徐殊行、刘锐奇针对"乘车安全"进行了知识搜集，然后就各自搜集的知识出抢答题，让另外两个小伙伴抢答，每题5分，答错一题不给分，还要倒扣5分。首先三个人手心手背、石头剪刀布决定谁先提问，若同样的问题已被提问，则后面的小伙伴提问时要跳过该问题。

经手心手背，丁丁成为第一个提问者，徐殊行第二，刘锐奇第三。每人限提问5道题，再从头开始轮流。

丁丁提问：

1.在汽车里能玩游戏吗？为什么？

徐殊行：在自己家的车里可以玩，在公交车上不能玩。

48 因为公交车上人多。

丁丁：错！**不管在什么样的车里都不能玩游戏，也不能大声说话，要不然会影响司机开车。**而且在公交车上还要坐好扶稳，哪里还有机会玩游戏啊！扣5分！哈哈。

徐殊行：那坐在车里多无聊啊。

刘锐奇：可以聊天。

徐殊行：无聊！

丁丁：无聊也比出事故好。2009年夏天，我跟着爸爸妈妈在内蒙古旅行，在从呼和浩特至沙漠的大巴上，我站在座位上和几个小朋友玩游戏。突然急刹车，我就栽倒在汽车走廊里。爸爸妈妈吓坏了，要是断了胳膊现在就不能跟你们一起玩了。这一题没答对！扣5分。

2. 坐车时能把头手伸出窗外吗？为什么？

徐殊行：当然不能嘛，要是旁边有车开过，咔嚓，**头就会像切萝卜一样，断了。**

丁丁：完全正确，加5分。

3. 喝了酒能开车吗？

刘锐奇：肯定不能嘛，这么傻瓜的问题。司机酒驾要被拘留的。

徐殊行：那我们坐喝了酒的人的车是不是也要被拘留？

丁丁：**不能坐喝了酒的人开的车！不安全！**刘锐奇加5分。

4. 能把车窗开到最低吗？为什么？

徐殊行：不能！**会有蚊虫或者其他汽车轮胎弹起的石子等伤到自己。**

丁丁：你这都知道，好吧，加5分。

5. 儿童能坐副驾驶座吗？为什么？

徐殊行：不能。但我不知道为什么。

刘锐奇：为什么？我都是坐副驾驶座的。

丁丁：万一急刹车会撞上挡风玻璃，甚至被甩出车外。

徐殊行：只能坐后排，还要系安全带。不过我们家车上的安全带会勒住我的脖子。

丁丁：**儿童要坐专门的儿童座椅，那上面的安全带才**

合适。不论儿童还是成人，**都得系安全带**，还要将车门的儿童锁锁上。

刘锐奇：你不能说这么多了，等下我们没有问题提了！

丁丁：好吧，这一题徐殊行加2分，现在徐殊行提问。

徐殊行：听好了，

6. 坐车时能把头伸出天窗吗？为什么？

丁丁：当然不能！如果急刹车，严重时会切断我们的小细脖子。再说有的车熄火时天窗会自动关闭，万一没来得及缩回，脖子就会被夹住。

徐殊行：完全正确，加5分。

7. 小明的妈妈在车里放了很多布娃娃，请问这样做正确吗？为什么？

丁丁：肯定不正确。那样会影响司机的视线，而且急刹车时这些布娃娃掉落引起的动静也会影响司机开车。

刘锐奇：我们家的车里没有布娃娃，但放了很多我爸爸的文件。

丁丁：那也不行的。下次要扣你爸爸的分。

徐殊行：完全正确，加5分。

刘锐奇：你们快点呐，我还只有5分。

8. 开车能打电话吗？

刘锐奇：只要不被警察看到，就可以。

徐殊行：额……应该是不能，警察看到只是要罚款或扣分，主要是……不安全。

刘锐奇：那可以得一半分么？

徐殊行：额……不行吧……

丁丁：肯定不行啊，没答对哪有分啊，还要扣5分呢。

刘锐奇：那……那我还是0分？

哈哈哈……

9. 如果我们乘坐的汽车去加油站加油，我们能去吗？

丁丁：不能去，**有火灾和爆炸危险，而且不能带打火机之类的东西进加油站**。

徐殊行：完全正确，加5分。

丁丁：我15分。

徐殊行：我7分。

10. 要从车身的哪边上下车？为什么？

刘锐奇：从右边下。因为中国的车都靠右行驶，如果从左边下车有可能会被来往的汽车撞死。

徐殊行：完全正确，加5分。

丁丁：还要补充一点，开车门的时候不能用力过猛，**以免后面有行人或骑自行车的人撞上车门，要赔偿的**。而开门之前要先观看车后侧，**用左手开启车门**，这样观察视角更开阔。

徐殊行：我也补充一下，上下车的时候应等车停稳。

刘锐奇：终于轮到我啦，你们都说完了！听好了。

11. 如果被锁在车内怎么办？

徐殊行：怎么会被锁在车内？车停了还不知道吗？

51

刘锐奇：有，新闻报道了，近年发生好多起儿童被锁在车内闷死的新闻。

丁丁：**按亮汽车双闪灯**，在方向盘上**按响喇叭**，不过我爸爸说有些车是按不响的。

刘锐奇：哈哈，不完整。只得 2 分。

丁丁：那还可以做什么？

刘锐奇：可以打开驾驶员旁边的车门，因为即使其他车门被锁死，驾驶员旁边的车门在任何状态下都是能打开的。此外，**小伙伴们还可以拔出汽车座椅上的插枕，使劲敲打玻璃，引起路人的注意**。

12. 汽车有哪些盲区？

徐殊行：这不是关于乘车的。

刘锐奇：我没有那么多关于乘车的题目了，反正是交通安全的都可以嘛。

丁丁：**汽车前面、后面、右前侧**，所以我们不能在这些盲区玩耍，万一司机没看到突然发动汽车就完蛋了。

刘锐奇：完全正确，加 5 分。我没有题目了，都被你们讲完了……

丁丁：噢耶，我 22 分。

徐殊行：我 7 分。

刘锐奇：我只有 5 分！

哈哈哈，下次我们再抢答。

答案：21. ABD 22. ABCE 23. CD 24. AB 25. C

乘坐火车（地铁）

真人真事：

2015 年 10 月 2 日，哈尔滨西—大连北 G48 次高铁出现故障，乘客滞留近 4 小时后下车透气，一名两岁幼儿不慎跌入车底。好在最后有惊无险，孩子成功获救。

丁丁的故事：

2015 年暑假，丁丁跟着爸爸妈妈去旅行。在从海拉尔至满洲里的火车上，整节卧铺车厢只有丁丁一家和好朋友徐殊行一家。两个小伙伴高兴得爬上爬下，来来回回地停不住。列车员叔叔非常紧张，三番五次地警告假如列车突然刹车时人就会摔跤，说他看见过很多小孩在火车上摔伤。其实小伙伴的爸爸妈妈也很担心，但又没有办法让两个小孩像大人那样安静地欣赏窗外的风景。

平安小精灵的大喇叭：

1. 有些爸爸妈妈喜欢在漂亮的高铁两头给小伙伴们拍照，这样很容易不小心**跌落月台**。所以小伙伴们在月台上等候地铁或火车时，务必按要求**站在黄色安全线外**，不要倚靠安全门，以免拥挤跌落月台；再者，当火车或地铁高速行驶时，其周围的大气压小，会产生一种"吸力"，站得太近是很危险的。

2. 小伙伴们可以选择在**地铁两端乘车**，会相当宽松；若车门关闭，不要强行上车；上车后手不要放在地铁门边，以免被夹。

3. 平时乘坐地铁时，应当留意站厅内的**紧急疏散标志**所在的位置，注意学习车厢内在紧急情况下如何打开车门的说明，做到心中有数。平安小精灵再啰嗦一句，到陌生的地方切记熟悉逃生通道哦！

4. 小伙伴们在车上别向陌生人透露自己的信息，有些不法分

乘坐火车（地铁）

子专门利用这些信息行骗。

　　5.在火车上别接满热水，以免列车晃动导致**烫伤**。

　　6.火车中途停站时间一般很短，小伙伴们**不要**下车，以免误车或被不法人员带走。

　　7.地铁站和火车站是儿童走失的高发地方，小伙伴们切记**紧跟着爸爸妈妈，千万不要跟陌生人走**。

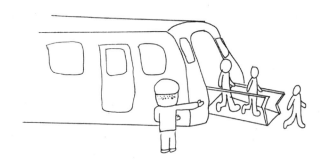

　　当物品掉落月台时，千万不要擅自跳下月台捡拾，应立即与工作人员联系。

　　遇到突发情况，小伙伴们要听从指挥，有序地从车头或车尾逃生通道向站台方向逃生。

"前倒后拥"要人命

真人真事：

2015 年 11 月 9 日上午 10 时左右，南京市浦口区弘阳广场欢乐世界三楼，到这里来秋游的南京市雨花台区实验小学的学生们发生踩踏事故，造成 16 名孩子受伤，其中 5 名受伤较重者被送往南京市儿童医院治疗，幸亏都无生命危险。据悉，事故是在一处手扶电梯处，一学生突然摔倒，后面的学生发生挤压所致。

2014 年 12 月 31 日 23 时 35 分，正值跨年夜活动，因很多游客市民聚集在上海外滩迎接新年，陈毅广场东南角通往黄浦江观景平台的人行通道阶梯处底部有人失衡跌倒，继而引发多人摔倒、叠压，致使拥挤踩踏事件发生，造成 36 人死亡，49 人受伤。

2014 年 9 月 26 日 14 时许，昆明市北京路明通小学起床铃拉响后，一、二年级午休学生返回教室上课。由于一块体育教学用的海绵垫平置于宿舍楼的一楼过道，造成通道不畅。先行下楼的学生在通过海绵垫时发生跌倒，后续下楼的大量学生不清楚情况，继续向前拥挤造成相互叠加挤压，导致学生 6 人死亡、26 人受伤。

"前倒后拥"要人命

平安小精灵的大喇叭：

1. 小伙伴们知道拥挤的人群有多大能量吗？如果你被汹涌的人潮挤在一个不可压缩的物体上，比如一面砖墙、地面，背后七八个人的推挤产生的压力就可能在一吨以上。踩踏事故中，遇难者大多并不是真的死于踩踏，他们的死因更多的是**挤压性窒息**——人的胸腔被挤压而没有空间扩张。

2. 尽量避免到拥挤的人群中，不围观路边打架斗殴争吵的人群。

①十指交叉相扣保护后脑和后颈部。

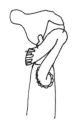

②两肘向前，护住两侧太阳穴。

③双膝前屈，保护胸腔和腹腔。

④侧身躺在地上。

如果要去人多的地方,须先知道出口 ↓ EXIT

发现人群情绪焦躁
立即提高警惕   保持重心稳定

如果已被人群裹挟
不要逆行   向前进方向的侧方移动直到移出人群   不要夺跑   双手握拳架在胸前保护胸腔

如果不慎摔倒 ↓ 立即努力站起

4. 不在楼梯或狭窄通道嬉戏打闹,人多的时候不拥挤、不起哄、不制造紧张或恐慌气氛,有一些踩踏事件就是**因恐慌导致人群无目的地逃窜而发生的。**

有人摔倒了,别往前!

5. 在人群中走动,遇到台阶或楼梯时,要尽量**抓住扶手,防止摔倒**,成为踩踏的诱因。还要时刻保持警惕,当发现有人情绪不对或人群开始骚动时,要做好准备,保护自己和他人。

6. 保持身体平衡,抓住身边固定的物体,千万**不要去捡鞋子或钱包。**

课间十分钟

真人真事：

2015年11月11日上午，四川南充市西充县第一实验小学六年级学生吴某在第二节课间休息时从学校"学苑楼"6楼坠下，当即被师生发现并送西充县人民医院抢救，虽经全力抢救但仍无效死亡。据说吴某是在教学楼栏杆旁与其他同学玩耍时意外坠下的。

丁丁的故事：

奇奇：你们学校课间都玩些什么啊？（奇奇是丁丁的好朋友，在另一所学校上学。）

丁丁：大家各玩各的，大个子在教室里"斗鸡"，我们小个子玩自己创造的游戏。

奇奇：可以带玩具去学校吗？

丁丁：早就不可以了。我有一次忘记把竹蜻蜓放在家里，被蒋益辉举报，老师就把我的玩具没收了。

奇奇：我们学校原来是可以带的，后来发生了一次事故，就不许带了。

丁丁：什么事故？

奇奇：有个同学玩悠悠球时，绳子突然脱落，悠悠球

59

从二楼砸下去，正好砸中下面一个学生的脸，他脸上顿时鲜血直流。那个学生的奶奶跑到学校当场就哭晕了。

丁丁：啊！这么严重！老师说不许带玩具主要是怕我们上课不专心。

奇奇：你们下课后可以玩"老鼠偷油"吗？（老鼠偷油是一种游戏，就是一个人当猫，去抓其他同学。）

丁丁：原来可以，现在不可以了。因为有两个六年级的同学在楼梯上追赶，被追的同学摔断了腿。如果下课追赶打闹，被大队部发现要扣班上的分的。（丁丁说的那次事故比较大，摔伤了的同学的妈妈还跑到学校里打了那个同学一巴掌。后来惊动了学校，学校专门召开了大会。）

60　　奇奇：我们学校也出了几起事故，现在下课干脆不让我们出教室。

丁丁：那要上厕所怎么办？

奇奇：上厕所肯定可以嘛。

丁丁：听说美国的学校下课后老师就把教室门锁起来，同学们必须到外面活动。

奇奇：嗯。我们学校空间特别小。

平安小精灵的大喇叭：

不要在走廊、楼梯上追赶打闹。不要把棍棒、玩具之类的东西带到学校。

1. 小伙伴们在学校里千万不要攀爬窗户、栏杆，也不要倚靠栏杆。

2. 丁丁一年级时，爸爸把所有的铅笔都削得较短，然后套上纸筒，告诉丁丁这是新发明。丁丁最近才知道爸爸是为了不让铅笔成为伤人凶器呢！不是经常有小伙伴被铅笔或钢笔戳到眼睛、戳进喉咙嘛！所以小伙伴们不写字的时候不要把笔拿在手里玩哦！

放学路上

平安小精灵的大喇叭:

不去迪厅、歌舞厅、游戏厅、网吧等是非之地,不少年轻人在这些地方染上毒瘾,最终被拘留。

结伴而行,不要走人少的地方,更不要往小巷子里走,这些地方都是坏人容易下手的地方,且发生意外时不易求救。

不要搭乘摩托车,尤其是雨天,摩托车稳定性较差,很容易摔跤,且一旦摔跤就会很严重。

1. 在街上看到**疑似精神病人**的人不要取笑、挑逗、刺激他们,应远离他们;不要围观打架斗殴或事故现场。

2. 若在路上遇到**不明气体烟雾**时,捂住鼻子迅速绕道通过。

3. 放学后若不直接回家,小伙伴们一定要**先告诉家人**,征得家人允许后才能行动。

答案:26. CE   27. ABC   28. B   29. ACD   30. CD

62

沙井盖切不可踩

真人真事：

2015 年 12 月 6 日，家住湖南娄底石马公园附近的 7 岁男孩小李晚上在家楼下的广场跟小伙伴们玩游戏，直到晚上八点，父母也没有看到小李回家，焦急的父母四下寻找，最终在监控中发现，儿子最后的身影出现在楼下广场的绿化带中，原来小李跌入了绿化带中的下水井。

2013 年一个长沙女孩在下雨天不慎落入下水井后被冲走，一个多月后才在湘江找到她的尸体。

63

不贪小便宜

真人真事：

2015年11月20日晚上，咸阳12岁的天天正在做作业，突然桌子高台上滚下来一颗小东西，"嘭"的一声爆炸了，天天的手指被炸得血肉模糊。原来滚下来的是天天从操场上捡回的"玩具"，经确认，这个"玩具"实为56式普弹（子弹的一种）。

1992年11月19日，山西农民张有昌突然呕吐、脱发。几天后，其二哥及父亲也出现同样的症状，父子三人于1992年12月相继离世。当时张有昌已怀孕的妻子张芳也开始掉发，经检查白细胞减少。其女儿出生后智商指数仅46。原来，张有昌在建筑工地捡到一金属圆柱体，顺手将其放进口袋。其实这一金属圆柱体是放射源钴–60，对人体有极大的辐射危害。

平安小精灵的大喇叭：

不论在外面看到多么好看的东西都不要捡，也不要用脚去踢。陌生人给的东西再诱人也不能要，天底下没有免费的午餐。

64

公路上的 "老虎"

真人真事：

2015 年 12 月 17 日，长沙韶山北路曹家坡公交车站，一名 5 岁左右的男孩和爷爷追赶公交车时，被一辆 915 路公交车卷入车底，公交车后轮从孩子头部轧了过去，孩子当场身亡。经调取监控录像得知，公交车已关门起步，爷爷和男孩追赶公交车，并使劲拍打车的后门，但司机未注意到爷孙俩，悲剧就这样发生了。

据相关部门统计，我国 2014 年交通事故死亡人数近 3.5 万人，其中超过 1.85 万的儿童死亡。

平安小精灵的大喇叭：

小伙伴们**不要在停止的汽车周围停留**，尤其不在汽车后面，它们比行驶中的汽车还危险呢！万一司机倒车时没看到你，那就会很惨！

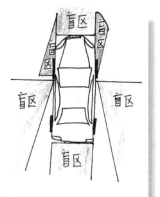

65

1. 不要在马路上打球、追跑、溜冰、乘凉、玩游戏，也不要在停车场内玩耍。

2. 大货车、渣土车、水泥罐车等大型车重心高，拐弯时更容易侧翻，所以要远离大货车。

3. 步行一定要走人行道，不可到机动车道上行走。

4. 小伙伴们的衣帽、鞋子、书包、雨衣最好选用**鲜艳的颜色**，如黄色、红色，这样可以引起司机的注意。尤其是阴雨天，司机很难注意到穿着深色衣服的行人。

红绿灯的最后 3 秒特别危险，因为车辆总想在红绿灯变换之前通过十字路口。

"勇敢"或"硬撑"要人命

真人真事：

2015 年 11 月 26 日，湖南祁阳县第四中学初三（69）班的刘丝在体育课慢跑时突然摔倒在地并昏迷不醒。最后因抢救无效于当晚死亡。据说刘丝同学当天来例假，开始跑步时跟同学说了句"肚子好痛"。

2015 年暑假，湖南郴州市 8 岁的斌斌突然出现张口困难，其家属未予重视。过了 4 天，斌斌张口困难加剧，紧急送往医院后抢救无效死亡。原来半个月前他在外面玩耍时被铁钉刺穿鞋底伤及了脚掌。斌斌怕爸爸妈妈说自己不勇敢，所以没告诉父母，没想到这样的勇敢却夺走了自己的生命。

67

平安小精灵的大喇叭：

千万别小看了破伤风，破伤风的**死亡率很高**，必须及早将破伤风类毒素接种于人体。

如果小伙伴们在外面遇到异常情况，如受到伤害、感到身体不舒服、心里害怕等，**一定要告诉家人**，把伤害降到最低。自己不能解决的问题向别人求助不是**不勇敢**，而是小伙伴们阅历没有大人丰富，很多时候无法做出正确判断。

如果有人落水了，小伙伴们可千万别认为自己勇敢而盲目地跳下水去救人，要在第一时间报告大人，或者拿一根长棍递给落水的人。

别怕，我来救你！

骑自行车

真人真事：

2014 年 7 月 21 日下午，北京东城某小区车库出口附近，4 岁的小明骑着自行车撞到了吴老太。吴老太的家属称，老人被小明骑自行车从后面撞倒在地，经医生诊断为股骨骨折。后吴老太的家人将小明一家告上法庭，最后小明家人要支付吴老太医药费、护理费等 1.6 万元。

平安小精灵的大喇叭：

1. 据统计，美国每年有 30 万孩子会因骑自行车造成伤害看急诊，其中有 1 万多孩子发生事故后需要住院，还有一些孩子因此丧命。这些骑行事故，大部分是由于**头部受伤**，而头盔可以将头部受伤的发生率减少 67%。所以小伙伴们不要怕麻烦怕热，骑自行车时一定要**戴上头盔**好好保护头部哦！且头盔要选鲜艳的颜色。

69

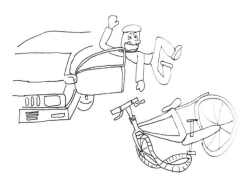

2.小伙伴们骑车时，最好穿运动鞋，不要穿拖鞋、凉鞋，更不能光脚。如果有条件的话，还要戴上露指手套，因为摔倒时，人会条件反射地伸手保护自己，这样很容易擦伤手掌。

3.自行车事故中发生骨折较为常见，有些骨折不明显，但受伤的部位会肿胀，按压有疼痛感，若出现这样的症状，**尽量保持伤者原有的姿势**，以免断裂的骨头碰到血管，发生二次伤害，并在第一时间送医院。

4.骑车时，一定要注意路边停的车是否突然启动或突然打开车门。

双手离把，或者一只手攀扶其他车辆骑自行车，都是很危险的。

骑自行车前要检查车况、刹车、车铃、链条等。

无情之水

2015年7月15—21日，义乌在6天内发生了4起溺亡事故。据不完全统计，从2015年5月份开始，义乌市至少有20人因不同原因溺水身亡。这个数字还只是媒体公开报道的事故。这其中，一半左右是年幼的孩童，另一半则是会游泳的游泳爱好者。

2015年4月5日，广东汕头市潮阳区发生一起7人溺水死亡事故。事故起因系1名小孩清明节扫墓后到水库边洗手时失足落水，其父母、兄弟姐妹及其他亲戚等6人接连试图自行救援，但因不习水性而相继溺水，7名溺水死亡者中有2名中学生和1名小学生。

据报道，美国一个十岁的男孩游泳回家后躺在床上离奇死亡。其母介绍，男孩游泳完之后没有任何异样，自称很困就躺在床上睡觉。两个小时后被发现时他已无生命迹象，脸上被一层泡沫掩盖。医生研究表明，男孩游泳回家后在床上死亡属于"干性溺水"。"干性溺水"发生的概率很低，但是它的恐怖之处在于，一杯水都能导致悲剧发生。"干性溺水"简单点来解释就是水不小心进入了气管，为了不让肺部进水，嗓子眼关闭，导致人无法呼吸。另外，"干

性溺水"也包括肺部进水，进而引起肺部水肿，随之出现乏力、咳嗽、呼吸困难的状况，溺水者最后口吐白沫而亡。

2014年11月17日，世界卫生组织首次发布《全球溺水报告》。报告称，全球每小时有40多人溺水死亡，每年共有37.2万人溺水死亡，半数以上溺水死亡者不足25岁，5岁以下儿童溺水率最高；男性溺水率是女性的两倍以上。中国每年约有59 000人死于溺水，其中大多数是儿童。

平安小精灵的大喇叭：

1. 游泳前一定要做准备活动，以防抽筋。

2. 小伙伴尤其是农村的小伙伴们若要在野外游泳，必须对水况相当熟悉，但也**不要选择在水流湍急和坑洼不平、污染严重、水草丛生或杂物漂流、淘沙船作业经过的水域游泳**，严禁在雷雨天气游泳。未经专业培训不要跳水。

3. 小伙伴们在湖边玩耍时，**应保持安全距离**，以免滑入水中。

4. 不要一个人去游泳，要结伴而行，最好三人以上。

5. **水库的水温度都很低**，若在其中游泳会导致抽筋。

6. 游泳会加重癫痫病、心脏病、高血压、中耳炎这些疾病的病情，而急性眼结膜炎、皮炎等会污染水源，传染给其他人。

7. 游泳时长为1～1.5小时比较合适，如果游泳过程中皮肤出现鸡皮疙瘩和寒颤现象，应及时出水。

8. **不能空腹游泳**，饭后一小时后才能去游泳。游完泳，应休息片刻再进食，否则会引起胃肠道疾病。

9. 若有小伙伴落水，**不要擅自搭救，应求助大人或打110。**

10. 小伙伴们还要尽快学会游泳哦！

万一抽筋不要慌张乱动，以免耗尽体力。应屏住呼吸，头向后仰，放松肢体，双手向两边摆成大字形。当你感觉开始上浮时，应尽可能地保持仰位，使头部后仰。千万不要试图将整个头部伸出水面。

万一抽筋还可以**水母漂**：一种为双手下垂，另一种为双手抱膝，吸足气屏住呼吸，全身放松，不做没用的动作，**使背部露出水面像乌龟**，漂浮一段时间再抬头

吸气，反复做这样的动作。

将溺水者救出水后，**俯卧头低位，打开口腔，**使其呼吸道内积水自然流出，并清除口中异物，还可以用膝盖顶溺水者的肚子。对于体重较轻的小孩还可以**用肩顶其肚子的方法将水倒出。**不过第一步永远是打120。

答案：

31. B　　32. ABCD　33. AC　　34. C　　35. BC

外出（游玩）

真人真事：

2013 年 4 月 6 日，湖南耒阳上架乡 11 名中学生外出玩耍，冒险进入当地一个名叫铜钱眼的地下溶洞，结果一名叫罗解成的 17 岁男孩再也没有出来。

平安小精灵的大喇叭：

1. 外出游玩前要学会看地图和使用指南针。若行至崖边、河边、水流湍急的农田灌溉渠边，**应走安全的一侧**，以免踩虚、脚滑，不慎发生危险事故。

2. **不得去捅蜂窝**，若遇马蜂袭击，要用衣物保护好自己的头颈，趴下不动，千万不要狂跑和拍打。若被毒蜂蛰伤，先拨去毒刺，用肥皂水、食盐水或清水清洗伤口，可用食用醋、大蒜、生姜汁、韭菜捣成泥状涂于患处，症状比较严重的送医院救治。

3. **要小心草丛里有蛇**，若被蛇咬伤千万不要惊慌，应迅速用手帕、皮带、绳索等物在距离伤口上方 3～5 厘米处绑扎，以减缓毒素扩散速度，每隔 15 分钟放松数秒，并迅速送医院治疗。

4. 若在下山途中，**不要奔跑**，尤其不能手持棍棍棒棒，以免控制不住速度栽跟头摔跤，伤着自己和他人。

5. **不要随便采摘蘑菇**。小心被蚊虫叮咬，蚊子很容易传染脑炎或疟疾。

　　6. 牢记父母的电话和家庭住址。若与父母走散，要站在原地不动，然后向带有小孩的妇女或穿制服的工作人员求助。

　　7. 不要跟陌生人走，即便自称是爸爸妈妈朋友的人也不能相信，**除非当场打电话向爸爸妈妈确认**，更不能向他人透露自己的信息。

　　8. 最好带上口哨，以备急需。若包车出游，事先记好所乘坐巴士的颜色和车牌号码。记住标志性的建筑。

不长眼睛的雷公

真人真事：

2015 年 5 月，一个年仅 7 岁的小男孩放学后骑车回家。这天由于下暴雨，天很黑、雨很大，小男孩没带伞，便冒着雨骑着车拼命地往家里赶，路上不幸被雷电直接击中胸口和两边大腿。他被电击后当场没心跳没呼吸，嘴唇发紫。后来经过医院抢救，恢复了心跳，但是脑部受损严重。他最大的错误，是在雷雨下骑车！

根据国家气象局统计，我国每年近 1000 人遭雷击死亡。

平安小精灵的大喇叭：

1. 雷雨时不要在水边停留；不要快速移动，如奔跑等，更不能骑摩托车、自行车；不能赤脚行走，要穿上鞋子，不可淋浴洗澡；不要张嘴，应立即双膝下蹲，同时双手抱膝，胸口紧贴膝盖，尽量低下头。

雷雨时，住在高层的人要注意关闭门窗，不要把头或手伸出窗外，更不要用手触摸窗户的金属架。

2. 雷雨时，要远离金属物，在雨中不能撑铁柄雨伞。避雨时也要观察周围是否有外露的水管、煤气管等金属物体或电力设备，不宜在铁栅栏、金属晒衣绳、架空金属体以及铁路轨道附近停留。

3.雷雨时**不要玩手机**或用手机听歌，也不要打电话或接听电话，家里的座机也要避免使用。

4.**若雷雨时正好在外面**，则可以这样做：躲入有防雷设施保护的建筑物内或有金属顶的各种车辆及有金属壳体的船舱内；若头、颈、手部有蚂蚁爬走感，头发竖起，说明将发生雷击，应赶紧趴在地上，并丢弃身上佩戴的金属饰品和发卡、项链等。

不要在楼顶等建筑物顶部玩耍，也不能进入孤立的棚屋、岗亭、大树下避雨，如万不得已，则须与树干保持3米距离，下蹲并双腿靠拢。

雷雨天气时不要躲在我下面,很危险!

77

地震的预防与自救

主要地震事件：

2013 年 4 月 20 日 8 时 02 分四川省雅安市芦山县（北纬 30.3°，东经 103.0°）发生 7.0 级地震。震源深度 13 公里。

2010 年 4 月 14 日晨，青海省玉树藏族自治州玉树县发生两次地震，最高震级 7.1 级。

2008 年 5 月 12 日 14 时 28 分 04 秒，四川汶川、北川，8 级强震猝然袭来，大地颤抖，山河移位，满目疮痍，生离死别……西南处，国有殇。这是新中国成立以来破坏性最强、波及范围最大的一次地震。

78

平安小精灵的大喇叭：

1. 破坏性地震从人感觉到震动到建筑物被破坏平均只有 12 秒钟，所以应根据所处环境在短时间内迅速作出保障安全的抉择。

2. 地震时如果在室内，移动几步到安全地方，如桌子底下，跨度比较小的**厕所**、**厨房**里，注意远离窗户。

3. 切记：很多地震中受伤的人都是因为地面摇晃时移动超过 1.5 米的距离造成，地面摇晃时试图离开楼房是很危险的，一般**不要破窗跳楼或盲目外逃，不要蜂拥到楼梯，避免接近玻璃窗和阳台**，以免发生不必要的次生死亡。如果有时间，应将家用炉火扑灭，煤气关闭，电器断电，正好在床上的话抓住枕头护住头部。震后迅速撤离，以防强余震。

4.地震通常会引起山体滑坡和海啸，地震时如果在山区或沿海，应警惕地震引起的落石或其他碎片，在沿海地区活动的人要尽快转移到地势较高的地方。

5.发生地震时若在学校、商场、电影院等人流密集的地方，则最忌慌乱，应立即**躲在课桌、椅子或坚固物品下面**，待地震过后再有序地撤离。

地震时**如果在户外**，找一块远离树木、建筑、广告牌、路灯、电线杆或悬空物体的空地蹲下来不动，避开桥梁或坡道。

地震时**如果在车上**，将汽车停在空旷的路边，系好安全带，直到地震停止。

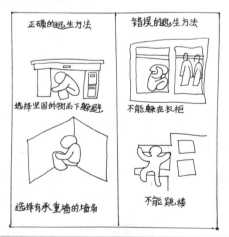

面对校园暴力

真人真事:

2015 年 10 月 10 日，河南焦作市某中学，一个女孩高声呵斥身穿短袖校服的另一女孩，要求她用嘴翻找垃圾箱里的棒棒糖，对方被迫多次俯身，将头探进垃圾箱，并不时遭到蹬踹。

据媒体报道，2015 年 10 月，仅两周内就发生 9 起校园暴力事件，校园暴力涉及人员多为未成年学生，呈现低龄化、群体性、网络化特点。女性之间的暴力事件多发，且伴随"拍裸照"等侮辱性行为。地点多发生在校外偏僻处，例如厕所、垃圾场等地。

据《华西都市报》报道，2015 年 5 月 22 日，安徽怀远县火星小学 13 岁的副班长小赐因为拥有检查作业、监督背书的权力而向另外 6 个孩子要钱。钱没给够，就逼迫他们喝尿吃粪。

平安小精灵的大喇叭:

1. 假如遇到威胁，首先不要害怕，要相信邪不压正，不要轻易向恶势力低头。一旦内心笃定，就会散发出一种强大的威慑力，让坏人不敢贸然攻击。

2. 大声地提醒对方，他们的所作所为是违法违纪的行为，会受到法律的严厉制裁，会为此付出应有的代价。同时迅速找到电话准备**报警**，或者大声呼救。

3. 平日要心胸豁达，**多与同学交流，多交朋友，交好的朋友**。

4. 生活要低调，**不要炫耀**自己有而他人没有的东西，否则可能会引起人家的嫉妒。

5. **远离学校周围一些游手好闲、奇装异服的人；在上学、放学时和同学结伴而行**；尽量走人多的大路，避开僻静的小巷；随身携带的财物（如随身听、手机等）也不要轻易外露；放学后一定要及时回家，不要去游戏室和网吧，因为在这些场所里玩耍最容易被坏人作为"施暴"对象。

　　不向恶势力低头并不代表硬碰硬，**要讲究策略**。如果是小问题，自己可谈判解决，自己解决不了的问题可**拖延时间**，再告诉家长或老师，或打110报警，千万不要自己一个人硬扛。

远离陌生人

真人真事：

2015 年 8 月 15 日，15 岁的小敏在爸妈做生意的摊位玩耍，这时走过来一名中年妇女，一直夸赞小敏的衣服很好看，但没说几句话小敏就开始出现头晕、脸色惨白、要失去意识的症状。

2011 年 1 月 1 日晚 7 时左右，家住长沙福乐康城小区的华华准备到小区门口的打印店里打印学习资料。刚走到小区门口，一辆汽车停在她身边，车上一陌生男子向她问路。华华告诉了对方路线，但该

男子仍说不清楚。后来竟公然在马路上强拖华华上车。这时一个女青年冲华华大喊一声："你怎么还在这里，你妈妈要我来找你！"也许是心虚，该男子迅速松手，撇下华华驾车匆匆离开。

曾经有一名老奶奶竟然用亲孙子作为诱饵拐骗儿童！

当天这名奶奶带着 7 岁的外孙在外玩耍，其后主动上前与小俊的奶奶搭讪并给小俊玩具，然后让 7 岁的外孙与小俊一起玩，趁小俊奶奶不注意时，哄骗小俊将其带离现场。

平安小精灵的大喇叭：

1. 如果我们与骗子保持一定的距离，骗子就无法下手，所以小伙伴们要**远离几种陌生人**：向自己求助的人（比如问路），平白无故赠送自己食品、玩具、礼物或跟自己玩游戏的人，自己不认识却能叫出自己名字的人，告诉自己说家里有急事的人。小伙伴们切记不要贪小便宜靠近他们，更不能跟他们走。

2. 还有些陌生人会尾随小伙伴们进入小区，甚至进入楼栋防盗门，所以小伙伴们平时要**结伴而行**（至少三人行），同时注意身后是否有可疑的人离自己太近。若发现有人离自己太近，要**尽快往人多的地方靠近**，并向警察或大人求救。对**突然靠近的车辆**，也要保持高度警惕。

3. 在美国等西方国家，把 12 岁以下的孩子单独留在家里，父母会被警察逮捕。万一小伙伴们单独在家，为确保安全，若有推销员、送货员、水电工、修理人员，甚至自称是家里人的朋友，或告诉你们说你们的家人有紧急情况等，**一概不要开门**。若陌生人强行闯入，则可**到窗口、阳台呼救**，并打 110 报警。平时要养成**进出家门随手关门**的好习惯。

4. 平时在外**不要随便泄露关于自己家庭的各类信息**，包括旅行计划等，不炫耀父母的地位或自家财产。

5.牢记父母的电话，在人多的公共场所紧跟父母，若与父母走散，站在原地或向**警察、带孩子的妇女**求助。

6.抵制住诱惑。

平时外出**不独自**通过狭窄街巷、昏暗地下道，**不独自**去偏远的公园、无人管理的公厕，**不要**走偏僻的小径或荒地，**不单独**与素不相识的人同乘无人看管的电梯，这些经常是坏人作案的地方。

面对绑架

真人真事:

2016年3月7日下午,东莞南城阳光第三小学五年级学生小明(化名)放学回家途中,一名男子突然上前问小明要不要吃棒棒糖,小明拒绝后,男子立即将他从背后抱住,小明见状大喊"救命"。男子佯装家长对小明又打又骂:"你这个不孝子!"小明见一名男士路过,急中生智,大喊"爸爸",男子见状,赶紧放下小明逃走了。

平安小精灵的大喇叭:

85

1.若被绑架,假装顺从,使歹徒放松警惕,用大脑与歹徒周旋。同时设法了解自己的位置,观察周围环境,看是否有逃脱的可能。切不可鲁莽地与歹徒搏斗,如四周无人,不要呼救,以免激怒歹徒,招来杀身之祸。若有手机按下紧急拨号键。

2.若歹徒将你们转移,在路上要注意寻找求救的机会。如果经过繁华地区,要想办法引起行人的注意,如哭闹、坐在地上不走、打滚等,一旦有围观群众,应马上向大家讲明自己是被绑架的,有机会立即逃脱。还可以借机上厕所拖延时间,寻找逃跑机会。

3.若歹徒要你给家里写信或打电话,要设法暗示你所处的地点或行踪。打电话一定要拖延时间,为公安机关查破歹徒所在地

提供尽可能多的信息。

4.若歹徒问家庭情况,可以告诉他们父母的姓名、电话号码,对其他情况如父母及亲属的收入,**最好说不知道。**

5.**记住**歹徒的容貌特征、口音、车牌及与歹徒的对话内容等,以便公安机关侦破案件。

万一遇到歹徒绑架,要有信心,歹徒**要的是钱不是命**,所以要保持冷静。

若被蒙住双眼,可记住转弯的次数和大致的方向,尽量听取沿途的声音变化和被扣押场所周围传来的各种声音(如音乐、工地噪音等)。

被歹徒关押后,要观察关押处所及周围的情况,看是否有逃脱的可能,并抓紧寻找可用于报警的途径;如有临街的窗户,可写个纸条说明自己的情况扔下去请过路的行人帮助你报警;也可以用东西试着敲击暖气管、下水道,**引起别人的注意。**

答案:

36. ACDE   37. BC   38. AC   39. ABCDE   40. ABCD
41. ADE   42. CDE

男孩女孩（面对性侵）

真人真事：

2015年8月，14岁的湖南女孩思思（化名）已经第三次怀孕了。在思思父亲的坚持下，她只能选择生下孩子。父亲的目的是，让思思生下孩子，通过亲子鉴定，找出孩子的爸爸。

就在3年前，12岁的思思第一次怀孕——她被同村的74岁老人性侵，后来怀孕产下孩子。如今，思思把自己的孩子叫"妹妹"，她没有能力和意识照顾这个孩子。

思思被性侵生下孩子后，情绪不太稳定，有过自残的行为。在学校老师的照顾和帮助下，思思的情绪才逐渐稳定下来。

2015年4月，湖南13岁的小红加入一个QQ群后，被群主推举为管理员。后来一名网名为"缘来是你"的人自称15岁，姓林，邀请小红见面。见面后小红发现对方至少有二三十岁，便拒绝跟林某走。林某强行将小红带入招待所进行性侵，还拍裸照威胁小红不能将事情传出去。后来林某还通过计谋将魔爪伸向小红的同学小丽。2015年10月，不堪忍受的小红提出与林某断绝关系，林某就将小红的裸

87

照发给小红的同学。小红留下遗书后准备轻生，被同学及时发现，才没有发生悲剧。林某最终被小红的家人抓住送往派出所。

2011 年，13 岁的男孩王乐（化名）小升初进入了河北省宣化一中 136 实验班——这是当时该校最好的班级。王乐的父母对儿子的未来抱有极大的希望，期待他能考上大学，以改变这个并不宽裕的家庭的命运。

然而，事与愿违。进入初中之后，王乐的成绩一直下滑，各门功课都不好，无奈之下只能重读初一的课程。2014 年 4 月 26 日，王乐突然从学校带着东西回家，目光迟钝，精神出现了异常。医院确诊为抑郁症，在心理治疗师的干预之下，王乐才说出自己被老师性侵的经历。

原来，王乐进入宣化一中之后，主管军训的政教处老师李剑以违纪为由，晚上将王乐从学校带到自己的住所。第一次，李剑不仅给王乐看一些不堪入目的视频，而且还要求王乐模仿这些动作。最后，王乐的父母选择了报案。最终，李剑被判处有期徒刑 2 年 10 个月，赔偿王乐医疗费、住宿费、交通费共计 13 万余元。

根据中华社会救助基金会儿童安全基金"女童保护"项目 2015 年 3 月 5 日发布的数据，2014 年被媒体曝光的性侵儿童案件高达 503 起，平均每天曝光 1.38 起，是 2013

年同比的 4.06 倍。其中，熟人犯罪有 442 起（公开报道未提及双方关系的未统计在内），占 87.87%。这些熟人包括教师、邻居、亲戚、同村人等。在案件发生前就与未成年人彼此认识的施害者，更容易接近受害者，再凭借其体力上的优势和特殊身份，或者凭借其地位，使得侵害容易得手。

真是触目惊心！

为了更好地预防这样的事情发生，平安小精灵给大家再讲一件真人真事：

2015 年 11 月 12 日晚上，江苏 13 岁男孩小水被南京儿童医院确诊为"睾丸扭转"，且一侧睾丸须切除。原来小水不好意思说自己睾丸疼痛，强忍了两天后才谎称肚子疼，但医生在肚子上检查不出问题，遂要小水回家休息。这一休息便耽搁了治疗时间，睾丸只能切除了，这无疑会对小水今后的身体和心理健康产生影响。

所以，平安小精灵告诉小伙伴们，人的生殖器官与人的口、耳等其他器官没有高低贵贱之分，真的没有什么不好意思说的，尤其是当生殖器官感觉不适时，一定要在第一时间告诉爸爸妈妈！

这是睾丸，精子先生就住在这

它就是小鸡鸡，不过它有个科学名字叫阴茎

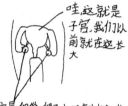

哇，这就是子宫，我们以前就在这长大

这是卵巢，卵子小姐就在这出生

精子先生钻到卵子小姐的肚子里，它们在妈妈的子宫里一点点长大，变成一个小孩

难道是尿床吗?!不，其实是遗精啦拉

月经来了，说明你已经长大啦一月经是正常现象，不用怕，也不用害羞

你可以考虑用卫生巾啦一

青春期的男孩子偶尔都会遗精

不但女孩被性侵，男孩也有可能被性侵。性侵包括非**身体接触的性侵犯和身体接触性侵犯**。非身体接触的性侵犯包括向儿童暴露自己的生殖器，让儿童裸露身体、拍摄裸照、观看色情录像或图片等；身体接触性侵犯包括触摸或抚弄儿童身体敏感部位，在儿童身上故意摩擦其性器官，试图与儿童性交或强行与儿童性交。

平安小精灵的大喇叭：

1. 如果有人要触摸你们的隐私部位，或者要求暴露你们的隐私部位，你们一定**不能答应**。任何人的任何行为，只要让你感到不舒服，就立刻反抗，不管对方是老师、长辈还是其他有权威的人，都要大胆地说"不"，还要提出打 110 报警。不管发生什么，回到家一定要告诉爸爸妈妈，**爸爸妈妈永远爱你们**。

91

2. 万一不幸遭遇性侵，不要说刺激罪犯的话，避免激发加害者杀人灭口。如果一切努力都失败，还是受到了侵害，要记得这并不是自己的错，而是坏人的错。**一定要保留证据**，不要惊异或感到羞耻，**要勇敢面对现实**，及时告诉家长或老师并报警。

3. 小伙伴们在网上结交朋友一定要慎重，不跟网友互传照片或倾诉烦恼或互留联系方式，不随便加入群或会员，收到来历不明的邮件立即删掉。**不要接受异性网友见面的邀请**。不要在别人家夜宿。外出时段和家长保持联系，告知家长自己的位置和当时

的情况。

4.不要轻易向别人透露自己的联系方式，尤其是网上交的朋友。

5.不接受陌生人的任何物品，自己独自在家时拒绝让陌生人进屋。（参照"陌生人"章节平安小精灵的建议。）

预防性侵：

绝对避免单独和异性待在一起，即便是熟人也要牢记这一原则。若不可避免要单独和异性待在一起，则要把门打开，随时准备撤退，且待在一起的时间越短越好。

外出时要结伴而行，不走人少的道路。若有陌生人迎面走来要提早避开。若发现陌生人尾随则应立即改变路线，向人多的地方走，尽快甩开陌生人。

92

背心和小裤衩遮住的地方都是隐私部位，任何人都不能碰哦一

测测你的平安指数（要得到210分才合格哦）

把你认为正确的答案填在题后的括号里（多选或单选），每题平安指数为5分。（答案在书中寻找）

1. 雷电是一种比较严重的气象灾害。为了防止雷电对人们生命和财产造成损失，下列做法中，正确的有（   ）

   A. 在旷野遇到雷电，应远离高大树木和建筑物，撑起不是金属伞柄的雨伞避雨。

   B. 在游泳时遇到雷电，应马上闭气，潜入水中。

   C. 在家中听到雷声时，不要关闭电视机、音响等家用电器并拔出插头。

   D. 当感觉到身体有电荷时，如头发竖起、皮肤有显著颤动感时，应尽快打手机求救。

2. 下列做法中正确的有（   ）

   A. 穿着有帽绳的衣服在树林里捉迷藏或玩滑梯。

   B. 拿着激光笔照同学的后脑勺。

   C. 小明追赶小红时，从后面拉住小红戴的红领巾。

   D. 小明规定自己每周只看两次少儿频道的电视节目。

3. 下列做法正确的有（   ）

   A. 丁丁拿着防护罩看正午的太阳。

   B. 荣荣吃完饼干，把包装袋里的干燥剂拆开抓在

93

手里，准备向马路上扔去。

C．在高压线下放风筝。

D．擦干手再去拔插头。

E．爸爸看到路边一家小吃店的屋顶有很多电线盘根错节地绕来绕去，就决定不去这家店吃饭了。

4．下列说法正确的有（　　　）

A．如果发现家里有电器接头发出"呲呲"的声音或者火花，应立即检查声音是从哪里发出来的。

B．如果家里有人触电，应立即关掉电源总开关，并报警。

C．可以一只手拔插头。

D．爸爸把家里的插座全部换成有开关的插座。

5．小伙伴们在家里捉迷藏，他们不可以躲藏的地方有（　　　）

A．窗台上　　　　B．行李箱　　　　C．桌子下

D．厕所里　　　　E．蛇皮袋子里

6．下列做法不正确的有（　　　）

A．小伙伴们在阳台上往楼下扔小纸片。

B．妈妈把家里的花盆放在防盗网的台子上。

C．小伙伴们趴在栏杆上伸出脑袋往下看。

D．为了抄近路，丁丁从这栋楼的屋檐下走去上学。

E．几个小伙伴钻进正在修建的高架桥下玩耍。

7. 下列做法完全正确的有（　　　）

A. 爸爸不同意在新家安装很大很漂亮的吊灯。

B. 体育老师使劲地拧调皮捣蛋鬼的耳朵。

C. 丁丁在外面摔了一跤，碰到了后脑勺，虽然不疼，但他告诉了妈妈，问妈妈要不要去医院检查。

D. 玩蹦蹦床时应双手抱胸，落地时不要蹲下来，嘴里可以吃东西。

E. 玩跳跳蛙时，最好原地跳动，不可用来跳远。

8. 下列做法完全正确的是（　　　）

A. 小明把手指头伸进红酒瓶里。

B. 小伙伴们放学后爬到楼顶捉迷藏。

C. 小明在商场六楼地面上的一块玻璃上蹦跳，透过这块玻璃可以看到商场五楼。

D. 果果的玩具枪都是不能装子弹的，他玩水枪也不对着人射击。

E. 小伙伴们使劲地摇动二楼的防护栏。

9. 下列做法完全正确的是（　　　）

A. 去看电影、逛商场、住酒店等一定要记住逃生通道在哪里，怎么出去。

B. 晚上小伙伴们去村支部看电影，电影开始前他们奔跑着捉迷藏（平时几乎没去过村支部）。

C. 凌凌放学回家很饿，奶奶在菜地里忙着，凌凌

95

看到房间里有一瓶像饮料一样的东西，但又没有标签，凌凌拧开瓶盖就往嘴里倒。

D. 丁丁拿着打火机在沙发下面找他丢失的玩具零部件。

10. 下列做法完全正确的是（　　　　）

A. 若身上着了火，要在地上打滚让火熄灭，千万不能跑动，那样火会越燃越大。

B. 蚊香、烟头也可能引起火灾，一定要熄灭。

C. 凡是火灾都要用水扑灭。

D. 儿童不能跟着大人去加油站和加气站，更不能在加油站和加气站玩火。

E. 家里换下来的煤渣可以扔到垃圾堆里。

11. 下列做法完全正确的是（　　　　）

A. 遇到火灾要迅速离开现场，若在高楼，要迅速跳下去。

B. 火灾时虽然要尽快离开现场，但不可贸然开门，要先摸门把手判断火的远近再做决定。

C. 如果通道已被火封锁，可利用绳索或被单连接起来，从窗口滑下去逃生。

D. 遇到火灾，要奋不顾身地参加灭火。

E. 遇到火灾立即拨打119。

12. 下列说法完全正确的是（　　　　）

A．只有狗会传播狂犬病。

B．狂犬病的死亡率几乎是100%。

C．狂犬病还会在人与人之间传染，尤其是皮肤破损者更容易被感染。

D．只要被狗咬了都需要注射狂犬疫苗。

E．没有被狗咬破皮肤，则用清水冲洗即可。

13．下列说法完全正确的是（　　　）

A．可以在浴缸里睡觉。

B．儿童洗澡时顺便可以用洁厕灵冲洗厕所。

C．泡澡时用的玩具不能用玻璃杯。

D．儿童不能用成人的护肤品，护肤品有一定的毒性。

14．下列说法完全正确的是（　　　）

A．上下自动扶梯，不可以穿洞洞鞋等材质很软的鞋和比较长比较飘的衣服。

B．儿童可以在运行中的自动扶梯上跑步锻炼身体。

C．儿童和老人不能单独乘自动扶梯。

D．不能去捡掉落在扶梯上的东西。

E．万一扶梯发生故障，要迅速按下扶梯两端或中间的红色按钮。

15．下列说法完全正确的是（　　　）

A．鞋带松了时，乘自动扶梯很危险。

B．可以趴在自动扶梯的扶手上上下扶梯。

C．乘电梯时，一定要确认电梯已经停稳本楼层才可踏入或踏出电梯。

D．在电梯里尽量站在里面，不要离电梯门太近。

16．下列说法完全正确的是（　　　）

A．如果发生电梯坠落，要马上蹲下来。

B．如果发生电梯坠落，可以按下每一层的按键。

C．奶奶在厨房做饭，小凤想给奶奶一个惊喜，悄悄地躲在奶奶身后。

D．在饭店吃饭不能到处奔跑，以防撞到上菜的服务员身上。

E．小伙伴们的羽毛球落在一个移动广告牌上了，小明便爬上去拿。

17．下列说法完全正确的是（　　　）

A．不能在污水井或化粪池盖子上点鞭炮，里面的沼气遇火会发生爆炸。

B．点火了却没有爆炸的鞭炮要及时重新点燃。

C．小红在草堆附近放鞭炮。

D．碳酸饮料没有营养，而乳饮料和冰激凌营养丰富。

18．下列做法不正确的是（　　　）

A. 丁丁和他的小伙伴在行驶的车上嘻嘻哈哈打打闹闹。

B. 10岁的小童坐在副驾驶座上，准备跟爸爸妈妈去郊外写生。

C. 公交车还没停稳就下车。

D. 不能将头伸出汽车天窗。

E. 坐车时车窗玻璃应不低于头部。

19. 下列说法完全正确的是（　　　）

A. 喝少量的酒开车不会被拘留。

B. 衣服产生的静电在加油站也有可能引起火灾。

C. 开车时不能打电话。

D. 车停稳后应迅速开门下车。

E. 被锁在车内后可以按喇叭、开双闪灯、开司机旁边的车门或用插枕敲打玻璃。

20. 下列说法完全正确的是（　　　）

A. 有时候可以在汽车后面玩耍。

B. 小明站在和谐号列车车头旁边，要爸爸给他拍照。

C. 火车还没有来的时候，可以跳下月台去捡东西。

D. 地铁列车里的紧急逃生门在车头和车尾。

21. 下列说法完全正确的是（　　　）

A. 在地铁站里也要熟悉逃生通道在哪里。

99

B．火车中途停车时不要下车。

C．在火车上通过聊天认识的人，可以告诉他们自己的姓名等信息。

D．在火车上通过聊天认识的人，如果碍于情面必须接受他们给的食品，过后也要扔掉，不能吃。

22．下列说法完全正确的是（　　　）

A．外出一定要记住爸妈的电话，紧跟大人，万一走散了就站在原地，可求助抱小孩的妇女或工作人员或警察。

B．少去人多的地方，因为容易发生踩踏事故。

C．不围观事故现场。

100

D．下楼、乘地铁、看电影等人多场合要抢先，以免被踩踏。

E．在人多拥挤的地方尽量走在人流边缘，不可逆行，尽量抓住扶手，避免摔倒。

23．下列说法完全正确的是（　　　）

A．人多拥挤的地方可以弯腰系鞋带或捡东西。

B．若在人多的地方摔倒，要俯卧在地上不动。

C．若在人多的地方有人摔倒，要大声呼喊"有人摔倒了"。

D．若在人多的地方自己摔倒了，两手要护住后脑勺和后颈，两胳膊肘向前护住太阳穴，双膝尽量向前。

24. 下列做法完全正确的是（　　　）

A. 不能倚靠栏杆，攀爬窗户，不要在走廊上追赶打闹。

B. 不写字的时候，铅笔、钢笔应放入文具盒或笔袋。

C. 放学后可以直接去同学家玩。

D. 明明每天都是爷爷来接，这天明明的邻居来接明明，明明虽然感到意外，但还是跟着邻居回去了。

25. 下列做法完全正确的是（　　　）

A. 晴天可以踩沙井盖。

B. 在街上看到疑似精神病人的人可以跟他们逗乐。

C. 在路上遇到不明气体要绕道通过。

D. 若发现有人尾随要往小巷子里走。

E. 尽量选择摩托车作为交通工具。

26. 下列做法完全正确的是（　　　）

A. 未成年人能去歌舞厅、酒吧、游戏厅。

B. 小明在放学路上看到一个金光闪闪的东西，便捡起来带回家。

C. 在路上行走时要远离大货车，尤其是大货车转弯的时候，不要跟大货车并行。

D. 小明经常和小伙伴们在放学路上打篮球。

E. 小伙伴们最好穿鲜艳颜色的衣服，尤其是下雨天。

27. 下列做法完全正确的是（　　　）

A. 路口红绿灯最后三秒非常危险，千万不能抢着通过。

B. 高温天气在游乐场玩耍要小心烫伤手脚。

C. 不可以一只手或双手离开把手骑自行车。

D. 有小伙伴落水，要立即勇敢地下水救人。

28. 下列做法完全正确的是（　　　）

A. 斌斌在小河里捉鱼时左脚被一根生锈的铁丝扎了一个洞，为了证明自己是个男子汉，他回家没有告诉爸爸妈妈。

B. 小红被异性校长叫到办公室谈话近一个小时，办公室只有校长和小红两个人，小红一回到家就告诉妈妈这件事。

C. 会骑自行车的小伙伴在骑车时可以不戴头盔。

D. 不可以穿拖鞋、凉鞋骑自行车，但可以光着脚骑自行车。

29. 下列做法完全正确的是（　　　）

A. 小伙伴骑自行车的时候要特别当心路边停着

的车突然开门或启动。

B．同伴骑自行车摔跤了，小伙伴们都围上去，有的扶他的后背，有的扶他的胳膊，有的抬他的脚。

C．骑自行车之前一定要检查车况。

D．游泳前一定要做准备活动。

30．下列做法完全正确的是（　　　）

A．放暑假了，小明来到乡下外婆家的第一天，就跟着小伙伴们去河里游泳。

B．波波很会游泳，刚打完篮球马上又去游泳。

C．若在游泳时抽筋，则不能乱动，要保存体力，屏住呼吸，尽可能让头部向后仰。

D．不要一个人去游泳，至少三人同行比较好。

103

31．下列说法完全正确的是（　　　）

A．在游泳时溺死的人大多都是会游泳的人。

B．心脏病人、高血压病人不适宜游泳。

C．急性结膜炎患者可以游泳。

D．游泳可以不限时间，越长越好。

32．下列做法完全正确的是（　　　）

A．吃饱饭后不能游泳，游完泳后也要休息片刻再进食。

B．雷雨天不能游泳。

C．小伙伴们在湖边玩耍时要保持和湖边护坡的距离。

D. 不要去水流湍急坑洼不平的地方游泳。

33. 下列做法完全正确的是（　　　）

A. 在河边或水流湍急的溪边行走，应走安全的
一侧。

B. 看到蜂窝要把蜂窝捅掉。

C. 若被蛇咬伤，应在伤口靠心脏方向 3～5 厘
米处绑扎。

D. 下山的时候奔跑会更快到达山脚。

34. 下列做法完全正确的是（　　　）

A. 雷雨天应赤脚走路。

B. 雷雨时应快速跑回家。

C. 雷雨天应躲进有金属顶或壳体的车辆或船舱
内。

D. 雷雨时，靠近家里的金属管道没有关系。

35. 下列做法完全正确的是（　　　）

A. 雷雨时，若头、颈、手部有蚂蚁爬走感，不
能丢弃身上的金属项链。

B. 若遇到高年级或其他同学敲诈勒索，自己协
调解决不了的，应立即告诉家长或老师。

C. 平时生活应低调，不炫耀自己有他人没有的

东西。

D. 若遇到向自己问路的陌生人，应靠近他跟他说清楚，必要时还要带路。

36. 下列做法完全正确的是（　　　）

A. 要对夸奖自己的陌生人保持警惕。

B. 面对能叫出自己名字但自己不认识的人，可以告知他自己的相关信息。

C. 发现有人尾随自己，应立即改变路线，向人多的地方走。

D. 平时外出不独自通过狭窄街巷和昏暗的地下通道。

E. 乘电梯时发现有素不相识的陌生人也要提高警惕。

37. 下列做法完全正确的是（　　　）

A. 如果有人敲门，先开门看看是谁。

B. 如果小伙伴独自在家，任何人敲门都不要开门。

C. 如遇陌生人强行入室，可到窗口或阳台呼救。

D. 如遭绑架，应奋力与歹徒搏斗。

38. 下列做法完全正确的是（　　　）

A. 若遭绑架，应冷静应对，观察所处环境，寻找逃脱机会。

B. 若遭绑架，不要把父母的姓名和电话告诉歹徒。

C. 若遭绑架，在繁华地区要引起行人的注意，如哭闹等。

D. 当生殖器官不舒服时，不要告诉任何人。

39. 下列说法完全正确的是（　　　）

　　A. 小伙伴是由爸爸体内的精子先生和妈妈体内的卵子小姐结合，并在妈妈的子宫里一点一点长成的。

　　B. 精子先生由男孩的睾丸生产，卵子小姐由女孩的卵巢生产。

　　C. 男孩的小鸡鸡还有一个科学的名字叫阴茎，女孩相应的部位也有一个科学的名字叫阴道。男孩女孩每天都要冲洗自己的生殖器官。

　　D. 背心和裤衩遮盖的部位都是隐私部位，除了爸爸妈妈，不允许别人触摸。

　　E. 如果有异性和你单独在一起时试图触摸你的隐私部位，应立即呵斥并及时逃脱。回家后马上告诉爸爸妈妈。

40. 下列说法完全正确的是（　　　）

　　A. 男孩的精子先生与女孩的卵子小姐结合要等到男孩和女孩满18岁之后才是合法的。否则，不但不合法，也是对对方的不礼貌行为。

B．不管是长辈还是学校的老师、校长都不能要求小伙伴暴露你们自己的隐私部位，更不能触摸。若发生这样的情况，应立即报警或告诉家长。

C．万一不幸被人玷污了隐私部位，要保持冷静，勇敢面对现实，明白不是自己的错，只有生命才是最可贵的。

D．爸爸妈妈可以包容小伙伴们的一切，所以遇到困惑要及时跟爸爸妈妈沟通。

41．下列说法完全正确的是（　　　　）

A．动物在地震前可能会有些异常反应，所以可以在家里养鱼、狗等，可通过观察它们的异常行为判断是否有地震。

B．破坏性地震从人感觉到震动到建筑物被破坏有一分钟的时间，足够做出反应。

C．如果地震时在户外，要设法躲在树木等的下面。

D．地震时如果在车上，应系好安全带，将汽车停在空旷的路边。

E．地震时如果在人流密集的地方，应立即躲在坚固物的下面；如果在海边，应转移到地势较高的地方，以免遭遇海啸。

42.下列说法完全正确的是（　　　　）

A. 吃饭一定要吃得很饱。

B. 吃完饭立即睡觉有利于消化。

C. 蚊虫会传染疟疾，要预防夏季或热带雨林的蚊虫叮咬。

D. 在游乐场要检查各项游乐设施是否完备，观察哪些设备不可攀爬等。

E. 去陌生的地方首先要观察逃生通道。